让阅读走心

让阅历丰盛

/朱建军

著

成为自己的
解梦师

朱建军解梦30讲

广东旅游出版社
GUANGDONG TRAVEL & TOURISM PRESS
悦读书·悦旅行·悦享人生

中国·广州

图书在版编目（CIP）数据

成为自己的解梦师：朱建军解梦 30 讲 / 朱建军著
. — 广州：广东旅游出版社，2021.6
　　ISBN 978-7-5570-2382-9

　　Ⅰ．①成⋯ Ⅱ．①朱⋯ Ⅲ．①梦－精神分析 Ⅳ.
①B 845.1

中国版本图书馆 CIP 数据核字（2020）第 240758 号

成为自己的解梦师：朱建军解梦 30 讲
Chengwei Ziji de Jiemengshi：Zhujianjun Jiemeng 30 Jiang

广东旅游出版社出版发行
（广州市荔湾区沙面北街 71 号　　邮编：510130）
印刷：北京雁林吉兆印刷有限公司
（地址：北京市密云区十里堡镇红光村 47 号）
联系电话：020-87347732　　邮编：510130
880 毫米×1230 毫米　　32 开　　6.75 印张　　117 千字
2021 年 8 月第 1 版第 1 次印刷
定价：56.00 元

本书如有错页倒装等质量问题，请直接与印刷厂联系换书。

Contents | 目录

第二章

解梦的原则和步骤

第三章
梦中常见意象及其普遍性象征

第四章

不同类型梦的解析

第五章

解梦疑问解答

前言　懂梦的人最清醒

从 20 世纪 90 年代开始到现在，我研究梦快 30 年了，也写过几本关于解梦的书，所以在解梦这个领域，算是一个专家。在这里，我愿和更多人来聊一聊梦。

我们每个人都做过梦，有些梦可能很多人都做过，比如梦见自己会飞，梦见被人追赶，梦见考试，等等。这些梦是什么意思？为什么会做这些梦？相信多数人并不是很清楚，因为大家对梦的了解还很有限，并且存在理解误区，我总结了一下，主要误区有如下三个。

误区一：很多人觉得自己很少做梦，甚至不做梦。

其实只要是正常人，每天都会做梦。很多人说自己很少做梦，是因为不记得了。研究发现，一个人在每晚的睡眠中平均要做五六个梦。我们的睡眠过程有三个阶段，分别是浅层睡眠、深层睡眠和快速眼动睡眠。其中在快速眼动睡眠阶段大多会伴随梦境，此时我们的眼球在快速转动中，大脑的活动和清醒时没什么差别，在通常情况下，如果我们不是刚好在做梦时醒来，会很难意识到自己在做梦。

误区二：梦一定能预测吉凶。

《周公解梦》中说，梦见蛇代表将来要发大财，梦见考试预示着在现实生活中获得成功等，好像我们未来的吉凶在梦中都会有提示。关于梦的问题，大家最常问我的是："梦见这个场景好还是不好？"所谓"好不好"，暗含的也是吉凶的意思。

古人认为梦能预测未来，是因为他们的生活环境不像现在这样安定，危险很多，所以希望有一种方法可以预知将来的危险。当他们为梦赋予一种预示将来吉凶的功能时，自己的内心会减少一些不确定感。

那么，梦到底能否预测吉凶呢？梦是人内心深处的一种活动，是人的观念、情绪和欲望的形象化产物，有时有一定的预言性，有时未必。

误区三：梦是不重要的小事，没什么意义。

有人觉得，梦是无关痛痒的小事，只是闲谈时的话题而已，但是心理学对此有着不同的见解。心理动力学认为，梦是人们潜意识的表现，潜意识对人的行为有着重大影响。从表面上看，人的许多行为和选择是在清醒的意识状态下做的，但实际上是受潜意识驱动的。我们为什么会做出某种行为或选择，自己其实未必知道。而心理学家通过对梦的解释，可以很好地了解一个人的潜意识，以及潜意识对他行为的影响。

知道了如上三个误区，相信许多人会对做梦和解梦有相对客观的认识。

那么，心理学到底如何解梦呢？

精神分析学派的创始人弗洛伊德认为，梦是欲望的满足，但是我们做的梦往往不是直接满足自己的欲望，而是受到"超我"的阻碍。"超我"，可以理解为一个人心中根深蒂固的道德规范和社会规则。因为"超我"的压抑，梦会通过伪装的方式来掩盖自己的真实意图。为什么我们的梦常常看起来古怪难懂？就是这个原因。

而解梦，实际是把伪装后的梦翻译成我们能懂的语言，让我们知道梦的真正意义所在。比如弗洛伊德曾经解过一个男人梦到自己的妹妹和两个女孩在一起的梦。他的解释是，梦中的那两个女孩象征的是他妹妹的两个乳房，梦的真实意思是男人想看自己妹妹的乳房。

当然，心理学解梦并不仅仅依据弗洛伊德的理论，精神分析学派的其他人对于梦的解析也有各自不同的视角。比如荣格、阿德勒等，他们分别从集体无意识、自卑与超越等视角来解梦。但是不管何种视角，心理学家们公认梦是一种象征性语言，解梦的目的是要找到梦背后的象征意义。

作为普通人，我们为什么要学习解梦呢？这要从人类认识世界的方式讲起。

人类认识世界有两种方式，一种是清醒时的逻辑认知，另一种是睡眠时的原始认知。而梦，就是人在睡眠时，潜意识中原始认知的活动。我们醒来时，站在逻辑认知的立场会感到梦很奇怪，但是我们做梦时，站在原始认知的立场，会觉得梦非常真实。

实际上，梦和清醒时的认知目的是一样的，都是让我们看清真相，以便对自己、对世界有更多了解。所以，做梦的人和醒着的人，谁更清醒呢？其实很难说。

我一直认为，解梦之所以有趣，恰恰在于它是一座桥梁，可以把逻辑认知和原始认知这两种完全不同的认知方式联系起来。解梦可以超越单纯的逻辑认知或原始认知，让两者进行互动交流，从而使我们看到和懂得的东西更多、更深刻。

从这个角度讲，如果我们学会了解梦，会比单纯醒着的人和单纯做梦的人都要清醒，因为我们对两种认知兼听，兼听则明。解梦不仅是心理学家了解人心的工具，更可以成为每个人都能用的、了解自己和所在世界的工具。哪怕只懂一点儿解梦，也能让自己活得明白和清醒一些。

为了让更多的解梦爱好者和普通大众（即便没有心理学基础的人），也能学会解梦，掌握解梦的方式和技巧，我浓缩了自己研究解梦技术 30 年的精华，手把手地教大家如何解梦，以及如何通过梦来和自己的潜意识对话。愿更多的人可以更好地认识自己，过清醒人生。

1

成为?自己

为?己

解?梦师

第一章

想要解梦须先懂梦

 第1讲

梦是一种原始认知

在层层揭开梦的神秘面纱之前，我们需要弄清楚的是：梦到底是什么？梦的原理又是什么？解答这两个问题之前，让我们先来看一个例子。

有这样一个家，家中有两个孩子。这两个孩子一个是聋人，一个是盲人。他们活在同一个世界、同一个家庭里，但在主观感受上，他们看到和听到的世界是完全不一样的。

其中一个人是通过视觉来认识世界的。对他来说，世界是由光影色彩和空间形状构成的。在早晨起来睁开眼时，他会看看白白的天花板以及天花板上的灯，一盏橙黄色的灯。下床之后，他会看到面前有张棕色的桌子，桌上放着白色的碗，碗里有热腾腾的黄色小米粥。

而另一个人是通过听觉来认识世界的。对他来说，世界是由无数高低不同和音色各异的声音构成的。早上醒来之后，他首先听到的是窗外的鸟叫声，可能还有风吹过树叶的声音，然后他会听到家人的说话声，以及厨房里传出的叮叮当当的碗筷声音。

那么，从他们的主观感受来看，这两个人是活在同一个世界吗？显然不是。虽然他们生活在同一个客观物质世界，但是他们主观感受到的、看到的和听到的世界是不同的。

他们感觉到的世界，取决于自己的认知方式，如果用的是眼睛，会活在一个由光影色彩和空间形状构成的视觉世界里；如果用的是耳朵，会活在一个由高低不同和音色各异的声音构成的听觉世界里。

同样，我们在思考和理解这个世界时，也会选用不同的认知方式，内心的主观世界也会不一样。多数人在醒着时所用的认知方式，实际是一种以理性、逻辑为基础的认知方式。五官会源源不断地提供素材，我们会把这些素材组织起来，从而形成对事物的总体认知。

比如，我某天出去办事。走出门后，我看到了道路、汽车，听到了各种各样的声音，体会到脚踩在地上的感觉，过后我把这些信息组合在一起，告诉别人我在那天出门时感受到了什么，这就是理性逻辑认知。

如果我们在睡梦中，许多条件就变了。比如，我们睡觉时闭上眼睛，视觉信息消失，就算耳朵仍然能听到一点声音，听觉也会比较弱，其他感觉也会变弱，此时唯独活跃的就是我们大脑。起作用的认知方式是以形象为基础进行信息加工的原始认知方式。原始认知会把我们在白天体验到的、看到的、听到的、想到的信息组织起来，编织成一个故事。这个故事就是我们的梦。

实际上，我们每个人交替地活在两个世界中。白天醒着时，我们活在一个以理性逻辑思维为基础的世界里，我们用理性看世界，看到的自然也是一个理性的世界。晚上入睡以后，我们会活在一个感性形象思维为基础的世界里，我们需要用原始认知方式去理解这个梦的世界。

当然，如果被问到，梦的世界和醒着的世界，哪个是真实的？一般人会认为醒着的世界真实，梦的世界虚幻，但实际上这是不对的。不管是醒着的世界还是梦的世界，都是我们看同一个世界得到的结果。只不过用的是不同的认知方式，得到的结果自然也会不同。

就像前文说的，我们能说眼睛看到的世界和耳朵听到的世界，哪个是真，哪个是假吗？不能，因为它们都是真的，只不过是以两种不同的形式呈现出来而已。

许多哲学家早已明白这一点。庄周曾说过，他晚上梦见自己是一只蝴蝶，白天醒来之后，发现自己是一个叫庄周的人，那么究竟是庄周做梦变成了蝴蝶，还是那只蝴蝶做梦变成了庄周呢？他一直思考这个问题。

也许一般人会觉得这个问题问得很傻，答案当然是庄周做梦梦见蝴蝶！但其实未必，这也许只是醒着的人的看法，睡着的人并不见得会这么看。

在睡梦中时，我们会认为梦的世界非常真实。如果在梦里有人告诉我们，在我们的世界之外有另一个世界，那个世界叫醒着的世界，在那里我们是人类，活在一个叫北京的城市，每天要坐地铁上下班，等等。我们可能会觉得这种说法太有想象力，脑洞太大了，完全是一种幻想，因为正身处梦中的我们，会默认眼前的世界才是真实的。

实际上，醒着的世界和梦中的世界是平等的，只不过用了两种不同的认知方式，前者用逻辑思维，后者用形象化的原始认知而已。

如果追溯古老人类的生活，我们就会发现，古人白天醒着时，所看到的世界和心理感受，和我们现代人做梦时的感觉是很像的。比如我们现代人梦见一位神仙，醒来之后也许会说，"噢，那只是一个梦，其实神仙在现实中不存在"。而古人白天醒着时，活得就像做梦一样，也是用原始认知思考和感受。所以就像我们做梦时看到神仙一样，古人白天醒着时可能也会觉得自己看到了神仙。

当然，在我们看来，这只是一种幻觉，但是古人会把这种幻觉当成真实存在着的东西，他们会告诉别人，这世界真的有神仙，因为他们看见了，而且看得清清楚楚、明明白白的。那么，我们能说这些古人错了吗？当然不能。严格来说，这只是不同认知方式的结果而已。

我们现代人已经用逻辑思维作为清醒时的主要认知方式，原始认知已被掩盖。醒着的时候，我们不会觉得自己看到神仙和鬼怪，也不会有奇异的事情发生。但是，我们的原始认知，或者说像梦一样的思维方式就完全停止活动了吗？其实没有，依然存在着，只不过逻辑思维把它们压到潜意识中，把它们遮蔽起来了。

这就好像白天的天空中有星星一样，只是我们看不见，因为阳光太亮，遮蔽了星星。不过，只要原始认知还存在着，就会对我们产生影响。

比如有句俗语，"情人眼里出西施"，是说如果一个人喜欢上另一个人，在他的眼中，这个人会变得非常漂亮，像西施一样美。也许在别人的眼中，这个人分明是东施，但是在他的眼中，这个人就像西施一样美。

为什么呢？因为他会用原始认知在心里勾画出一个无比美好的形象，这个形象会叠加在他的眼睛所看到的形象上，从而使他在看这个人时感觉特别美。实际他看到的是两个人，一个是这个人的真实样子，另一个则是他心中的样子，把它们叠加在一起，就是他所认为的样子。

由此我们不难理解，爱一个人时，会觉得对方很美，恨一个人时，会觉得对方很丑。这正是因为叠加了我们心中的样子。只不过这种叠加过程，一般人是看不到的，它已被逻辑思维覆盖。

仅有极少数的人，即使在白天，也能看到自己原始认知里的东西。这类人多数是艺术家，他们常常独具慧眼。有一类人甚至比艺术家还能强有力地运用原始认知，在白天看到自己心中的梦。当然，也有可能是精神病人。实际上，精神病人所看到的东西，无非像一个醒着的做梦者所见到的一样，只是多数普通人看不到这些东西。

　　当然，作为普通大众，虽然我们在清醒时用不到原始认知，但是也不必遗憾，因为我们在梦中能看到原始认知的东西。当逻辑思维停止后，原始认知及其功能显现出来，我们就能看到心中的另一个真实世界，这就是梦。

梦中的原始逻辑

下面，我们一起来认识梦中的原始逻辑。

为什么叫原始逻辑？就像前文所说，梦使用的是原始认知，跟逻辑思维不同。它使用的逻辑，严格来说，甚至不能叫逻辑，仅可以算是逻辑的前身，我们可称其为原始逻辑。

一个人清醒时看梦，会觉得梦简直是胡说八道，梦境中的人物行为和情节发展变化完全没有逻辑。之所以会这么认为，是因为我们在用理性逻辑去看梦。

如果我们懂得梦的话，就会发现梦有其特有的逻辑，也就是原始逻辑。想学会解梦，首先要知道梦是怎么思考的，也就是它的原始逻辑是什么。只要知道这一点，解梦就会变得比较容易。

原始逻辑并不复杂，有几条定律。

相似律

*

在梦境中，只要有相似的部分，就会有同一性，相似即同一、相关，简称相似律。

相似律告诉我们，只要在梦中出现的事物的外表有相似之处，它们在内在本质上就可能有同一性，即我们可以把这些事物看作一个东西的不同表现。

这种相似律并非仅出现在梦里，也常会出现在现实生活中，典型的例子就是中医。中医的思考方式，主要是运用跟梦类似的原始认知，甚至可以说是一模一样的原始认知。

比如在中医理论中，有一个原理是，如果某个东西的颜色是红的，我们吃了就可能补血。枣是红色的，吃了枣就可以补血；枸杞也是红的，也有补血的作用。

不光是颜色，还有形状。比如有一种中药叫锁阳，形状很像男性性器，功能是补肾壮阳。这类例子在中医理论中比较常见，其思维模式是只要相似就可能有关系。

日常生活中的类似例子也有许多，比如核桃仁。把核桃敲开后，可以看到有左半球和右半球，上面有很多沟回，形状像大脑，所以大家一致认为吃核桃可以补脑。

在非洲，有一种动物黑乎乎的，第一次看见时，我们不认识它，但看了看觉得它的体形挺像豹子的，于是在猜测这种动物是食草还是食肉时，我们就会认为它肯定是吃肉的，和豹子吃一样的东西。体形类似，人们就会认为食性也可能类似，这也是一种相似性。

又如，某种非洲动物长得跟我们常见的牛挺像，我们就把它叫作非洲野牛，同时也相信它有着和牛类似的性格和习惯。

相似律是原始认知的一个基本定律。这种定律是有其道理的，因为相似的外表的确会在大多数时候说明它们有相似的内在。

当然，这也不代表相似律是绝对正确的，也有一些特例。比如红的西红柿，却没发现它有补血的作用。

这种相似律的思维方式，虽然不总是准确，但是在很多时候能够帮人适应周围的环境。比如，我们看到一个人，发现他的长相跟自己以前知道的一个人品不佳的人有点像，那么从相似律的角度我们就需要提防他。

当然，这种以貌取人的判断标准，从逻辑思维角度看不一定对，但是从原始认知角度上讲，往往是有效的。因为人的性格、心理等特点，或多或少会反映在自己的长相上。用长相作为一个参考，可以让人有一个大体归类，虽然归类不一定准确，但是通过归类我们至少可以给自己一个提醒，避免遭受损失或伤害。从这个角度讲，原始认知是有意义的。

著名心理学家弗洛姆曾举过这样一个例子。有个人梦到他的一个合作伙伴（其实他和这个合作伙伴也不是很熟）的样子有些鬼鬼祟祟，好像在偷东西。醒了之后，他觉得这个人很可疑，就猜测这个合作伙伴会不会真的不可靠。于是他查了一下账目，果然发现合作伙伴在账目上做了手脚。

所以，这种推论虽然不是百分之百可靠，但在一定程度上是可靠的。因为一个人如果经常在做事时偷偷地占小便宜，可能在神情上就有一种不大气、不坦诚，甚至躲闪的状态，而在长相上，就可能有一点鬼鬼祟祟和猥琐，也许很轻微，可依然能被人看出来。

接近律

*

接近律，是指如果两个东西相互接近过，在同一个地方或很近的地方同时出现过，或出现的先后时间间隔很短，那么我们就认为它们存在着相关性。接近律也不是完全可靠的，但是在原始认知中有一定道理。

比如，每次碰到同一个人不久后，我们都会遇见倒霉事，就可能把他称为"扫帚星"。那个人也许会说，"和我没关系啊，我并没做什么"。但是我们在原始认知中会觉得：为什么每次碰到你都要倒霉，虽然不知道是什么原因，但是最好少碰到你为妙。

再如，一个人每次吃完某种食物后都会肚子疼，在通常情况下，他会选择不再吃这种食物。虽然他并没有化验过这种食物是否有问题，也不知道它对身体是有害还是有益，但是如果每次吃完都会肚子疼，那么不再吃总是一种安全的方式。

还有，如果一个人每次走在森林里都发现周围非常安静，鸟都不叫了，然后出现了蛇，那么以后走在森林里，一旦鸟不叫，周围很安静，这个人就会格外小心，担心蛇出现。

只要在时间或者空间上接近，我们就会默认这些东西之间有着某种相关性。每个人都有这种思维，有时候还会把它跟相似律结合在一起。

有一句古诗是，"记得绿罗裙，处处怜芳草"，是说这位诗人所爱的女孩喜欢穿一条绿裙子，所以每当他看到绿草，心里就会升起一些欢喜。

严格来说，芳草跟女孩是不相关的两件事物，但是两者之间有一个共同的、把彼此联系在一起的东西，就是绿色。绿罗裙也不一定仅属于这个女孩，但绿罗裙跟她有密切联系，而绿色又是芳草的颜色，所以通过这种联系，诗人对草产生了一种喜爱之情。

这种逻辑对人是有用的。比如，如果这位诗人看不清远处的女孩是谁时，因为喜欢绿色，只要看到对方穿着绿色的裙子，就可能向她的方向走去，遇到自己喜欢女孩的概率自然就会增加许多。

辐射律

*

辐射律，是指人的某些心理活动，会把其影响辐射到周围事物上。比如，当一个人高兴的时候，他会发现天更蓝，水更清，每个走过的人都更快乐，每个和他说话的人都更温柔。相反，当一个人心情不好时，他会感觉天更灰，地更暗，每个人都对他不好。

这其实是我们内心的情绪辐射出去，并染在了周围的事物上。需要大家注意的是，这种现象并不是客观事物的真实变化，因为严格地说，天空是不会管我们的心情好坏的，它该是什么颜色就是什么颜色。

虽然辐射律并不客观，但是这种主观的定律对人是有意义的。比如我们今天心情好，看一下天空，觉得天更蓝，于是跑出去玩，也许会玩得很开心。相反，如果今天心情不好，一看到天气就觉得天昏地暗，决定不出去玩，也可能会避开外面的一些不快和灾祸。

我这样说是有根据的。研究表明，当一个人心情不好时，如果强迫自己出门，是比较容易碰见倒霉事的，比如容易跟别人吵架，或是在心烦意乱中坐错车、走错路、丢东西等。如果不出门躲在家里，反而会避开这些事情。所以，虽然原始认知逻辑并不客观，但很有用，这是它的特点。

总体来讲，我们的理性思维是客观的，会帮助我们如实地认识物质世界，而我们的原始逻辑，以及建立在原始逻辑上的原始认知是主观的，它们看到的世界和实际情况也许并不一致，但是能更好地反映我们的内心，更好地把我们的情感、情绪和其他内心活动反映出来。从某种意义上讲，我们可以把现实的逻辑思维看作对物的思维，而把原始逻辑和原始认知看成关于心的认知。

而我们为什么要解梦？正是因为原始逻辑和原始认知，能通过梦境很好地呈现出来，会更精准地表达我们内心深处的情绪情感，凸显我们真实的心理活动。

　　举个简单的例子。人们在白天看到的东西很客观，看见汽车就是汽车，看见飞机就是飞机。但是在梦里，可能汽车会变成一匹马，当我们高高兴兴地骑着马时，其实是表示想开车。过一会儿，马可能不是马了，又变成汽车，再过一会儿又不是汽车了，会变成一条鱼被我们骑，这些情境都可能会出现在梦里。它们也许很不客观，但是在主观层面上，有什么区别吗？并没有，因为都反映的是一种在骑行中很爽的情绪体验。

梦的意义和作用

严格地说，"梦的意义和作用"这种表述有问题，仿佛是说梦必须有与梦本身不同的另一个意义才叫意义。实际上，如果把梦中的生活也看成人生的一部分，那么做梦本身就是有意义的。

比如，我们做的各种各样的事及各种经历，本身就是一种意义，并非要具体说今天我去工作、去恋爱、带孩子出去玩，才有意义，因为做事本身就有意义。同样，做梦本身就有意义，就是一种生活。

人在每天 24 小时里，有三分之一左右时间是在睡觉，而睡觉的时间可能就是做梦的时间，可以这样说，每个人三分之一的生活就是在梦中的生活，这本身就是一种意义。

我们在醒着的三分之二时间里常会寻找意义，比如常会问自己活着的意义是什么。同样，在做梦的时候，我们活着的意义就是梦中人生的意义。在这个层面上，我们也可以说梦中的生活自有它的意义和作用，不用执着于找意义。

但是我们毕竟多数时候是醒着的，所以还是存在这样一个问题，就是做梦这件事对醒着的人来说有什么意义和作用？其实是有的。虽然有些梦我们记不住，或者说大多数人的大多数梦实际是记不住的，但是它们会影响我们醒着的生活，对我们醒着的生活是有作用的，当然，不一定总是积极的作用，有时也很消极。

弗洛伊德创立的精神分析学说，可以说是一个很古老的、传统的解梦流派，他本人比较重视性梦。我认为他之所以重视性梦，是因为在他生活的时代，人们是有性压抑的，很多人在性的需求上得不到满足，就会在梦里用很多隐晦不直接的、变形的方式做性梦。

比如黄瓜、茄子在梦里并不代表蔬菜，香蕉也不代表水果，它们实际代表什么呢？可能是代表手枪，但是手枪也不代表射击武器，代表的是棍棒，而棍棒当然也不代表棍棒，象征着另一样东西——男性生殖器。

所以，一个人说在梦中看到了香蕉变成香肠、手枪变成棍棒，它们都可能象征着同一样东西，就是男性生殖器。

如果一个人做梦被某个男人用刀捅了，一边惨叫，一边好像感觉并不可怕，这样的梦实际上给做梦者带来了一种性的满足。那么它的意义是什么？就是通过这种方式，使做梦者的性能量得到一定的宣泄，不是全部的满足，但至少是部分的满足，于是由性需求得不到满足所导致的不舒适感就会减少。这样做了一晚上的梦，第二天醒来后可能会感觉身体舒服一些。这也是一种意义。

实际上，这种"愿望达成的意义"不仅存在于弗洛伊德的年代，还存在于现代人生活的时代，但是现代人的梦有更多其他的意义。现代人没有那么多的性压抑，反而会导致我们想到很多其他的事。当然，古代人也想其他的事，只是现代人更多一些。

比如，我们白天想到怎么挣钱，很可能晚上就会用原始认知去做一个梦，实际上是在思考关于财富的事。我们可能会梦到挖地，挖出好多土豆，或者会梦见探险，和很多人一起闯到一个孤岛上，只为找到阿里巴巴的山洞和山洞里边的财宝。那么，梦中寻宝在一定程度上可以缓解我们对财富的渴望所带来的焦虑。

除此之外，一些梦境中可能会有一些启示传递给我们。梦的启示也许会在我们清醒之后变成赚钱的灵感，我们可能就真的赚到了钱。这也是一种意义。

还有一种意义出现得更多，就是有时一个人想做一件事，但在情绪和心理上还没做好准备，于是很可能会出现一个梦来帮他做好准备。

比如，A 对 B 心怀不满，但是还下不了决心跟 B 撕破脸，或者说，他想和 B 撕破脸，但没有那勇气，不敢表达。那么他晚上很可能会梦见一头邪恶的野兽，或者一条阴险的毒蛇试图伤害他，他感到非常愤怒，拿起武器把野兽或毒蛇杀死了。梦醒后，他觉得自己还是怒气难消。当白天碰到那个让他不爽的人 B 时，他可能会很勇敢地跟 B 摊牌。

当然，作为心理学家，我并不认为这是一个很好的解决问题的方式。但是在梦的原理中，这时候做的梦，往往起到"战前动员"的作用。

又如，某个女孩对男友有些不放心，怕对方劈腿，她可能会说服自己，在心里对自己说"不会不会"，但是这种担心并未因此消失。这种担心在晚上入睡后可能会变成一个梦，梦中可能出现一些情节，比如"他跟我的闺蜜混到了一块儿"，于是发现她男友脚踏两只船，内心随之觉得难过。

这样的梦有什么作用？

它可能是消极的，起到不好的作用。比如这个女孩醒了后心情很不好，看男友不顺眼，会更加怀疑男友。但是，梦也有积极的一面。通过做这种梦，这个女孩做好了心理准备，如果以后她的男友真的脚踩两只船，她不至于一下子不知所措。因为在梦里她已经准备好，当这种情况发生时她可以怎样应对，好像预演过一样。

那么，梦的作用到底是以积极为主还是以消极为主？这是不一定的，因为一个梦做成什么样子，我们无法插手，是原始认知在工作。

相信不少人有过这样的体验：梦中的自己简直就是天才。一些搞发明创造的人觉得，梦有时会给他们带来创作的灵感。

据说一百多年前，一个美国人正专心研究怎样让橡胶的弹性更好。因为最初人们把橡胶树汁从树上割下来加工成橡胶后，弹性不够好，太脆容易裂。这样的橡胶做成的汽车轮胎，很容易出现裂缝，漏气。他就开始研究，哪些化学作用能把橡胶变得弹性更好。

起初他试验了很多东西，但是效果都不好。有一天他做个梦，梦见了一个魔鬼。魔鬼嘲弄他说："你好笨，这个问题你都解决不了。"他对魔鬼说："我是解决不了，你比我本事大，你知道加什么东西会使橡胶更有弹性吗？"于是魔鬼弄了点硫黄扔到他的橡胶里。

他醒来后回忆这个梦，想到自己还没试过硫黄，那就试试好了，于是他把硫黄加到橡胶汁里，制成了一种新材料叫硫化橡胶，也就是经过硫黄处理的橡胶。结果他意外地发现，或者说是"意内"地发现（他的梦其实不是意外的），硫化橡胶的弹性特别好，可以用来做汽车轮胎。

据说缝纫机的设计者，也从梦中获得了启发。

大家都知道，用来缝东西的针，它穿线的孔叫针鼻，在针的尾端。也就是说，针的头部是针尖，尾部是针鼻。缝纫机设计者一开始也是这么设计的，但是一直不成功，很苦恼。

有一天，他梦见一些原始人跟他说："你要是再研究不出来，我们就拿长矛扎死你。"然后那些人拿着长矛威胁他。他发现这些人的长矛很奇怪，在矛头附近有一个小洞。他醒后突然想到，可不可以把缝纫机的针鼻设计到针尖附近而不是针尾呢？于是他这么做了，缝纫机的困难自此迎刃而解。

另外，有些人会在梦中写诗，还有些人会在梦中作曲。

传说唐玄宗曾在梦中到了天上，听到一首曲子叫《霓裳羽衣曲》，睡醒后他把这首曲子记了下来。

在梦中，有很多类似的事会对现实生活有影响。为什么会这样呢？可能不知道其中原因的人会觉得很神秘，但其实并不神秘，它们只是我们白天专注思考一个问题而不得其解时，原始认知接替我们在梦中思考的结果。

所以不论梦中出现的主角是魔鬼、天仙还是原始人，实际都是我们继续思考着的自我，是原始认知中的自我。原始认知找到问题的答案后，就会用一个场景或形象在梦中把答案揭示出来，这就是我们的灵感。

总之，梦有多种不同的作用。我们如果学会解梦，就可以通过梦来了解自己的内心，了解自己当下的情绪状态以及内心冲突。这会对我们的生活有帮助。

噩梦给我们什么警示

　　这里要特别讲一种梦，就是我们都不喜欢做的梦——噩梦。

　　说起噩梦，我想起作家三毛说过的一句话："如果人真的可以梦想成真，也许很多人就会吓得不敢睡觉。"这句话很有意思。

　　我记得自己看到这句话时，很赞同，因为我们经常说"希望梦想成真"，但其实这句话里的潜台词就是，我们希望好梦成真，并不希望噩梦成真，否则太可怕了。因为有些噩梦，简直就是人间地狱，是不可想象的恐惧和可怕。

　　对于三毛这句话，我有不同的看法，我觉得不管是好梦还是噩梦，人的梦想其实都已经成真。什么意思呢？因为我们的梦想在现实生活中不见得能成真，但有可能在我们的睡梦生活中能成真。比如我们希望自己有更多的钱，也许在现实生活中不易挣到，但是没准在梦中会捡到好多钱。所以梦想成真的事，在每个人每晚的梦境中，都可能发生。

当然，有人会说这个"真"不能算真，因为醒后我们会发现梦并不是真的。可是做梦的时候不是这样啊，虽然梦中捡到的钱是假的，但是捡钱的高兴和满足感是真的；梦中碰到的鬼是假的，但是梦见鬼时那种恐惧感是真的。所以实际上在梦中，梦想已然成真，因为我们在那一刻同样有着真情实感。

虽然噩梦带来的恐惧和害怕是真的，但其实我们也不用害怕做梦，因为梦不会无缘无故地变得过分可怕，会有限度。多数人虽然没法控制自己的梦，不知道梦里面会出现什么，但是还是可以接受自己的梦的，并不会像三毛担心的那样，出现的每个梦都非常可怕，让人不敢睡觉和做梦。

这里涉及一个做梦的原理，就是梦的不可控性。如果梦是可控的，每个人想梦见什么就梦见什么，就太幸福了。我们可以要求自己每天晚上做美梦，娶媳妇、发大财、开豪车、住别墅、出国旅游……可以享受到很多白天想要又得不到的乐趣，但是显然不可能，我们是做不到想梦见什么就梦见什么的。不过，梦也不会随意变得很坏，会有一些规律可循。

一个最重要的规律是，一个人的梦如何，并不取决于其愿望是想做好梦还是做噩梦，而是取决于他的深层心态。如果一个人的内心深处是幸福的，他的梦往往是好的。如果他的内心深处是不幸的，那他的梦就易出现不幸。

有个人是乞丐，但每晚做梦时，他总是梦见自己是个非常富有的大富翁，过着幸福的生活。后来他真的幸运地中了大奖，成了富翁，但是自此每晚又会梦见自己是乞丐。

此时，问题就来了，现实是乞丐，梦中是富翁，或现实是富翁，梦中是乞丐，哪种生活对他来说，是更好的呢？

其实这个问题背后的问题是：为什么有人在现实生活中是乞丐，但在梦中却很好？据我的分析是，这些人很可能虽然过着贫穷的生活，但他们内心深处是满足的。

比如，孔子称赞最多的弟子颜回就是如此。颜回虽然家徒四壁，经常靠一点粗茶淡饭，一瓢水过活，但是他活得开心自在，心态旷达。在《论语·雍也第六》中，孔子称赞颜回说："贤哉回也，一箪食，一瓢饮，在陋巷，人不堪其忧，回也不改其乐。"

那么，颜回的梦是什么样子的？历史没有记载，但是从心理学原理上来说，他的梦很可能都是幸福的梦，因为梦会反映一个人内心的真实感受。

相反，有些人可能在现实中很富有，但是其内心并不一定感觉幸福，会有很多烦恼。比如上文提到的那个由乞丐变成富翁的人，也许在他有钱之后，会发现有很多人比他更有钱，更懂得如何让钱生钱，为此他很烦恼，于是就会梦见自己是穷困潦倒的乞丐。这就是他的噩梦。

为什么有人会做噩梦呢？

做噩梦，其实说明这个人内心有些不快乐、不幸福，或是有些烦恼、痛苦和担心。噩梦有一个很重要的作用，就是警示钟。如果人没有得到警醒的话，可能不会深入关注自己的内心，会误认为自己活得很好。

有的人常常对自己说："我有钱，有漂亮老婆，工作也不错，最近要升职……"他们说的可能是现实层面的东西，并不知道自己内心是什么样子，其实没准他们内心那个真正的自我并不幸福，甚至可能因为压力太大而不堪承受。这时如果做了一个噩梦，也许能帮他们看到生活中那些他们没有看到的危险，提醒他们做改变。

有些噩梦是没有结尾的。许多人都有过这种经历，就是在噩梦进行时突然被惊醒。这种突然惊醒的噩梦，实际是我们的潜意识在提出并思考着一个问题。当我们面对当下的困境没有答案时，梦就会把这个困境赤裸裸地放在我们面前。

我们在恐惧中被吓醒后会觉得，哎呀，做了一个噩梦，然后心跳不止，情绪很恐惧。此时如果能回忆起这个噩梦的话，就会知道梦实际给出了一个问题，即现在有什么风险或困境摆在面前，需要我们更多地思考和关注，甚至是悬崖勒马。

有个人工作很辛苦，当然也挣了很多钱，看起来前途大好。有一天他梦见自己去攀岩，在悬崖峭壁上攀到了很高的位置，突然发现再往上爬没有路了，想退回来，却发现退不回来。想找人救自己，又发现没有绳子，没有把自己固定在悬崖上的用具。然后又发现自己抓的那个石头已经摇晃，脚底也踩不稳，马上要掉下去……感觉非常恐惧，他一下子醒了过来。

这个噩梦在说什么呢？可能在说，他在人生之路上爬得太高，没有给自己找好退路，同时现在的压力可能已超出他的负载能力，对他来说是危险的。

如果他能理解这个噩梦的警醒作用，在生活中赶紧想办法为自己找退路，不要只顾着往上爬，可能会成功自救。但是，如果他没有接受梦的提醒，过一段时间，他可能会在现实生活中出问题，比如突发一种重病或是心理崩溃。

我最近不时听说一些金融界或其他领域的精英人士，突然自杀了，而且这类人自杀采取的方式多是跳楼。为什么会选择跳楼呢？就是因为跳楼这种从高处摔下来的方式，恰恰是他们现在处境的最好象征——爬得太高了，再没有继续往上的路，当坚持不住时，只有摔下来。

我们把话题延伸一下——人是怎么死的，比如自杀或病死，和这个人的心理状态和处境相关。比如割腕的人，其心理状态跟跳楼是不一样的。跳楼是一种失落感，眼下在一个很高的位置上，但感到失落，或是以往爬得很高，但现在掉下来了。而割腕是另一种感觉占主导，比如愤怒感。当一个人内心有许多发泄不了的愤怒时，他可能会选择割破手腕让血喷涌而出的方式，让心里的愤怒一起发泄出来。

所以，不同的死亡方式，实际是不同情绪和处境的反应。也许当事人并不知道自己为什么会选择这种方式，但是他之所以这样选择，其实是原始认知的结果。而且，他在现实中真的做这件事前，一定已在梦里做了许多次。

如果我们希望解自己的梦，了解噩梦比好梦更有价值。我们只要看清自己做了什么噩梦，就能知道自己出了什么问题，而知道自己出的问题，就可以在现实中想办法解决。当现实生活变得更好的时候，心境也会随之变好，我们就会做更好的、更幸福的梦，就会在白天和晚上都过上自己喜欢的生活。

第5讲

再复杂的梦，也只说一个问题

"同一个梦同一个问题"，这句话是指我们在做梦时，因为梦本身是凌乱的，醒来后再去看梦，会觉得它一会儿讲这个，一会儿讲那个，以为梦里说了好多事。但实际不是，一个梦就像是一件作品，像一则寓言、一个故事、一篇作文、一本小说和一部电影，不管表面看起来有多乱，其实中心思想只有一个，只说一个问题。

很早之前，我解过一位女性来访者的梦。她的梦分为两段。第一段梦——她到了一所房子里，房子挺漂亮，装潢很好。房子的主人是一位像贵妇一样优雅端庄的女人。有意思的是，她在描述房里的摆设时，重点描述的是这所房里有个大鱼缸，鱼缸里养了好多小鱼。鱼缸养鱼很正常，但是她接着说了一句，

"我仔细看了一下，发现鱼缸里养的这些鱼是食人鱼。"

南美洲亚马孙河流域有一种非常凶狠的食人鱼，动物掉在有食人鱼的河里，在很短时间内就会被吃得只剩下骨头，显然食人鱼是有伤害性的。这里就有一件很有意思的事：高档的环境，优雅的主人，漂亮的鱼缸，然后鱼缸里养的却是食人鱼。

接着镜头一转，她的第二段梦变成另一个故事——她在一个跳台上准备跳水，爬到很高的跳台上往下看，发现水池里的水特别浅而且很脏，她告诉自己，跳下去肯定会摔死在脏水里，但还是要跳下去。

拿这两段梦来说，听起来像两个不同的故事，但其实在说同一件事，同一个问题。梦解出来之后，我们发现这个问题就是，作为女性，她不知道该如何跟男性相处、如何进入婚姻，以及担心进入婚姻后可能会发生不好的事，比如出轨。

关于食人鱼那一段，实际上是她在思考自己是否想做一个贤妻良母般的人。在这段梦里，她说自己梦见的那个高贵主妇，长相有点像山口百惠（一位日本演员），给人的感觉是个非常贤惠的女人。为什么又会出现食人鱼呢？

实际这里有一个逻辑，就是她认为如果硬要让自己变成那么贤惠的人，而且还要装成人畜无害的样子，像鱼缸里那些供人欣赏的小鱼一样，她会压抑很多不良情绪，比如愤怒和怨恨，并且由于被压抑的情绪太多，以至于最终变成食人鱼。

鱼缸其实是个很好的象征。鱼缸的形状像一个笼子似的，所以在她的心目中，贤妻良母般的女人会被男人养在"鱼缸"里，养在一个很小的空间里，有一种不自由的感觉。所以这段梦，实际反映出她对那种要在表面上装贤惠，由于被养而导致的不自由和压抑的生活，是暗藏怨气和不接受的。

相反，在第二段梦中，她跑到高台上跳水，其实象征着一种和前面相反的情感相处方式：勇敢、大胆、冒险。跳水可以有很多象征意义，在这个梦里的意义是什么呢？就是跳下去。跳到哪儿呢？跳到一个有风险而刺激的地方。

在情感关系中，这其实是她的一种外遇想象。她觉得外遇有风险，但很刺激和令人兴奋，就像跳水一样。梦中的水很脏，实际象征着这种感情会让她觉得自己脏。梦中的水很浅，浅就是薄情，这类短期、不负责任的两性关系都是薄情的，不仅会伤害到她，也可能会让她摔死。

所以，这位女性来访者的梦看似有两段不同的故事、不同的场景，但实际说的是同一件事。

其他的梦也一样，不管过程多复杂，只要找到了核心问题，其含义就会迎刃而解。

另外，不仅是同一个梦中的不同场景都围绕同一个问题，在多数情况下，同一晚上做的多个梦，围绕的也是同一个问题。著名心理学家荣格很擅长解梦，他曾提到过这一点。也就是说，我们同一晚上可能会做许多梦，先做一个梦，中途醒了，喝口水再睡又做了个梦，一晚上做了很多不同的梦，但它们其实都在说同一个问题，只不过是从不同的角度反复进行思考。

这里提出一个问题，常言道"日有所思，夜有所梦"，如果一个人白天遇到许多不同的事，到了梦中，它们可能都需要思考，但是同一晚上的梦仅围绕一个问题，那么如何从白天的几件事中取舍呢？

对于梦来说，这个问题有个简单的方式可以解决。我们在白天虽然碰到几件不同的事，但在梦中，原始认知会把这些事归总为一个问题。即便在白天看起来很不同的事，原始认知都会给它们提出一个相关性，就好像是同一件事。

这其实很奇妙，其机理无法在此完整阐述。如果大家去解梦的话，可以把一晚上的梦记下来，然后反复地琢磨它们，思考它们，找到它们想说的共性部分，就会发现其中的道理。

如果我们把一生中做的所有梦，以及一生中清醒时做的所有事总结一下的话，就会发现归根结底我们是在做同一件事，关注同一个问题。不管人的一生多复杂，做了多少事，甚至在某个具体时刻做着许多不同的事，但在临终前，我们躺在床上回顾自己一生时，就会意识到，其实这一生一直在做同一件事，想同一个问题，解决同一个问题，比如如何获得爱、如何拥有信任等。就是这么奇妙。

这里又涉及另一个话题，就是所谓的同一个问题、同一个主题，是在哪个层次上呢？多数情况是，时间跨度越长，主题就会在越抽象的层次上；时间跨度越短，主题就会在越具体的层次上。不过，同一主题的这个规律是不变的。

从广义上讲，当我们在更长的时间和更大的空间跨度上去深入理解梦后，我们就会发现，白天的生活其实也像梦。如果用看梦的视角去看待白天的生活，一个人漫长的一生，实际也可能只是黄粱一梦，而黄粱一梦也是有主题的，而且只有一个主宰人一生的主题。

《红楼梦》中的林黛玉活了近20年，她的一生经历了很多事，但是如果回顾她的一生，我们会发现无论是白天还是晚上，实际上她只有一个主题——是不是该相信爱。她跟贾宝玉因为很多事闹别扭，比如有时觉得贾宝玉跟薛宝钗太亲近了，让她吃醋；有时因为贾宝玉跟史湘云太近了，让她不爽；有时会担心家人不同意她跟贾宝玉将来成亲；有时可能思考着其他类似问题，比如更哲学化和诗意一些的"花开总要花落，青春总是很短暂的，美好的东西不会持久"。

她的所有表现中，其实都是同一个主题，就是她相信不相信有爱，相信不相信有专一和永恒的爱。这就是一个关于相信爱的主题。同样，如果我们仔细地去看其他人的人生，也会发现其独有的问题或主题。

知道了梦的这种特点，当我们解梦、分析梦时，就不会陷入各种各样的琐碎细节中，而会在心里问自己一个问题——这个人的这一个梦，或者同一晚上的这几个梦，或者这段时间内的梦，它们在说什么、思考什么和关注什么。

梦能预知未来吗

接下来，我们要探讨一个很多人感兴趣的话题，就是梦和预言，或者说预言性的梦。

古人是相信梦有预言性的。有些人会有这样的疑惑，梦怎么可能知道未来要发生的事呢？不过从某种角度来说，梦是人用原始认知进行的一种思考方式，只不过它是用一种形象化的思考来认识世界的，如同我们用逻辑思维思考并对未来进行很多预测一样，原始认知的形象化思考也一样，有时候应该也可以思考和预测未来。

现实生活中，有不少人能运用逻辑思维对未来进行预测。比如许多经济学家就对未来世界经济格局有过预测。

还有一些专门研究未来的人，被称为未来学家。他们会根据各种经济学原理、社会学原理来预测一些新的科学发现会对社会造成的影响，告诉我们几十年后这个世界可能的样子。

在这些预测中，有些是积极的，比如预测人工智能会越来越先进，会有精准的机器翻译，等等；也有一些是消极的，比如温室效应可能越来越严重，南极北极的冰会融化得很厉害，企鹅会越来越少甚至灭绝，北极熊也许会消失，等等。这些都是在预测的当下没有发生的事，是这些未来学家通过逻辑思维的推理进行的预测。

同样，在原始认知层面上，也有相同的思考和对未来的推测，并能够得出一些结论。只不过在原始认知中，我们用的是形象思维，最后得出的结论也会用形象化的方式表现出来。

形象化的方式有很多种，有些比较专业的方式，像写科幻小说、拍科幻电影。我用的方法叫作意象对话——通过这种心理学方法，可以帮我们进行形象思维，得出一些关于未来的想象。

在所有形象化思维方式中，最自然的一种就是梦。我们也可以这样说：很多人在做梦时也是在工作的，因为当他们在设想未来可能会怎样时，很可能以形象化方式进行大量的想象和推测，推测出的结果会以梦境的方式呈现出来，也就是梦见了一件未来的事。如果推测准确，比如他在未来的某一天果真看到这件事发生了，就会认为梦能预测未来。

比如，有个人说自己梦见了一位女子，在梦中很清晰地看见那位女子的长相。几年后，他认识了一位女性，跟她恋爱并结婚，两人都觉得情投意合。这时，他突然想起妻子的长相跟自己几年前梦中所见的女子一模一样。他可能会觉得奇妙，会告诉别人，自己多年前曾在梦中见到过妻子。

其实从另一个角度来讲，这种情况一点也不奇怪。不见得是他的梦真预见了未来的妻子，而是梦预先告诉了他自己的择偶标准。等他在现实中遇到和梦中女人很像的人，就会更容易对她产生感情，更容易与她结成伴侣，也会更容易以为这是个预言性的梦。

另外，就是弗洛伊德所说的"我们有时对别人产生一种似曾相识的感觉，其实是错觉"。我们可能在某天发现自己见到的某人或某个场景、某件事，好像以前在梦里见过，对于这种现象，弗洛伊德的解释是，其实我们未必在梦中见过，只是当自己碰到这件事、这个人时，可能会产生一种感觉，觉得似曾相识，而记成是过去梦到过的。

弗洛伊德说得有没有道理呢？实际上是有的。因为尽管一件事以前没发生过，但它所带来的情感体验，我们以前可能有过，在这种情况下就容易出现错觉。比如我们小时候去过一个地方，觉得这个地方太美而产生了惊艳的感觉，等长大后的某一天去了别的地方，那里同样很美，我们会产生跟小时候很像的惊艳感觉。虽然地方不同，但惊艳的感觉相同，所以此时就有可能产生以前梦见过这个地方的错觉。这种解释在现实生活中已被验证。

还有一种奇妙的情况，就是我们有时真的会梦见以后才遇见的人或事。比如，每年9月开学时，许多大学生会来到一个从没去过的地方上学，其中一些人看到校园内的某些场景会突然想到，"哎呀！这个地方我之前梦见过，梦中的地方和这里一模一样"，甚至有的同学还会梦到某个新同学要说什么话，而他们之前并没见过。如果是这类情况，我们就不能用上面的原因来解释了，而且眼下的科学水平也不能对此进行解释。

我最初研究梦时，曾经很怀疑这种现象，觉得它是不是大家记忆的误区？所以就下了一点笨功夫，把自己梦到的事全都记下来，虽然记得不是很详细。结果在一年或更长的一段时间后，我发现有些梦果真在现实中出现了。每当遇到这种情况，我会翻出自己过去的笔记本，看看之前是不是记过这个梦，结果发现有些事真的能对上，而且和我的记录是一样的。

当我遇见一个现实的场景，感觉好像在梦中见过时，我会让自己在现实中停下来，回忆在那个梦中下一步会看到什么，然后和现实进行对照。比如，我走进一个院子，感觉好像之前梦见过，我会想一下自己在梦中离开这个院子走到别处时，那里的风景是怎样的。我先把它想起来，再真的走过去对照，检查它和我梦中见到的是否一致，多数时候是一致的。

虽然眼下我们不能清晰地解释以上情况，但并非无解，只不过比较复杂而已。假如我们坐在一条船上顺流而下，河的下游有一座建筑叫黄鹤楼。当我们坐上这条船时，虽然还没看到黄鹤楼，但是在一定时间后就会看到它。所以，顺流而下的人可以这样描述："黄鹤楼，是我在这条船上隔着窗户往外看时，在未来某个时间中必会看到的建筑。"也就是说，黄鹤楼实际已在下游存在，只是我们的船还没到而已。

我们可以这样理解：许多事件已在下一个时间段中存在着，而人是活在时间中的，就像这条船上的人一样。所以对我们来说，未来会发生的事，它已经在未来存在着，如果我们有个望远镜，就可以提前看到，而梦，可能就是这样一个望远镜。

当然，如果大家暂时不能理解这段话，也没关系，不必深究，只要知道这种现象确实存在就可以。

这种预言性的梦和非预言性的梦之间是有差别的，经常关注自己的梦的人会发现其中的区别。非预言性的梦中会出现一些不现实的事，比如梦见自己在没有任何装备的情况下就飞到天上；梦见自己从很高的楼上跳下来，根本不会摔死；等等。而预言性的梦没有类似夸张的情节，很平实，像现实生活中发生的一个片段。

对于预言性的梦，我发现一个有趣的规律，就是这种梦往往跟自己生活中一些重要的事情有关，但一般不会直接梦见这件重要的事，只会梦到跟这件事有关的某个小细节。

比如，对许多人来说，上大学是件很重要的事，是人生的重大转变。多数人上中学时会在家乡，但上大学时会离开家到很远的地方，对年轻人来说，这是个非常大的变化和重要的事，此阶段极易出现预言性的梦。这些学生可能不会直接梦到走进大学，看见校门上写着"××大学"这类激动人心的场景，而是会梦到一个看起来不那么重要的细节，像和某个新同学在一起，两人一起吃东西什么的。

又如，结婚是很重要的事，即将步入婚姻的人可能不会梦见婚礼这个激动人心的场景，而是会梦见婚礼前或婚礼后一些很小的细节，类似和爱人一起买东西，或一起做早饭，等等。

为什么会这样呢？对此我推测，就是那些激动人心的事会引发过于强烈的情绪，反而不适合在梦里呈现。梦中的情绪相对于现实中的情绪，是被放大的。比如我们在梦中梦见自己杀死一个人，可能在现实中只是拍死一只蚊子而已。同样，梦见有个可怕的吸血鬼来吸血，可能当我们睁开眼时，会发现一个蚊子在叮咬自己。所以，现实中激动万分的事，在梦中多数是没法表现的，反而一些不那么大，但又跟大的事有关的小事，是更容易梦到的。

总之，关于梦，当前还有很多没办法解释清晰的现象，但我们不能否认它们的存在，要相信会在未来找到好的解释。

成为自己的解梦师

为？己

第二章

解梦的原则和步骤

原则一：不要以为梦只有一个意义

解梦是一种什么形式的活动呢？

从某种意义上讲，解梦像是一种翻译，就是把我们原始认知中的内容，翻译成理性思维能够理解的内容。所以它和所有的翻译工作一样，会有一个问题，就是不能把原来语言中的精微之处全部翻译出来。就像我们把外语故事翻译成汉语，大体上我们能知道这是什么故事，但是原有语言中特有的神韵，在翻译后还能保留多少，其实是个普遍存在的问题。

以前看到有人把李白的诗翻译成英语，我读了后会觉得如果一个英国人看到一定很奇怪，因为写出这么平淡无奇的句子的人，为什么能被中国人称为伟大诗人？不是李白不伟大，而是好多内容很难被精准地翻译成另一种语言。

而处理这个问题最好的方式是，不翻译，直接以这种语言原有的形式去理解它。这就像我们想知道某一首英文诗好不好，最好去学英语，才能真正感受到诗歌背后的韵味。当然，这种方式好归好，但是对非专业人士来说是不容易实现的。

同理，适合普通人的比较好的解梦方法就是不去解它，而是把一个梦当成一个故事、一个神话反复体会、品味和感受，这样会越品越有意思，越品越有体会，对这个梦就会逐渐有深刻的感受。

古代，老师教学生理解诗时，有一种教法是一遍一遍地读诗。俗话说"熟读唐诗三百首，不会作诗也会吟"，反复读反复品，久而久之，读的次数多到一定程度后，就会一下子茅塞顿开，突然懂得诗的意境和诗人的情怀。

解梦比较好的做法也是这样的，可以反复看、反复品一个梦，直到有一刻自己突然懂了。这种方法看起来简单笨拙，但其实很好，因为它是以梦本来的形式去理解梦，以梦本来的样子去感受梦，用梦本来的语言（原始认知）方式去接触梦。我把这种解梦方法叫作"以不解梦的方式来解梦"。

不过，这种方法有个不足，就是比较费时间，所以它只适用于一些特别重要的、值得我们花时间去解的梦。

那么，梦有重要和不重要的区别吗？有。荣格曾把那些特别重要的梦叫作大梦。我们又怎么区分哪些梦是大梦，哪些梦不是大梦呢？一般来说，那些让我们念念不忘的梦，可能就是大梦。比如小时候做的到现在还记得的梦，或是当时给我们特别强烈的触动，让我们感觉莫名其妙、说不出原因却念念不忘的梦，可能就是大梦。这种梦值得我们多回顾、品味和体验。

特别提醒：如果某个人有个重要的梦，但这个梦是噩梦，而他当前的心理状态又不太稳定，比如容易抑郁，就不要解梦了，因为很可能会激起更多消极情绪。如果真要解梦，也要在心理咨询师的引导下才可以。

当然，如果我们的梦并不那么消极，只是让我们迷惑又觉得它很重要，就值得去体会一下。当我们对这个梦突然体会通了，突然想明白时，自己的心也就通了，会对自己要什么、在人生中应该去追求什么等方面有更多的理解。这是有价值的。

虽然前文提到的解梦方式比较费时，但大多数时候我们并不需要这么深入，仅需要对梦有基本理解就可以，此时需要一些解梦技术和原则。

解梦的第一个原则就是，梦有多义性、多关性。大家千万不要以为，一个梦只有唯一的正解，其他解释都是错的。实际上，梦常常语义双关甚至多关。

弗洛伊德在解梦时，经常解成跟性有关。他还很重视一种儿童心理，就是男孩会排斥父亲黏母亲，好像把父亲当情敌一样去排斥，弗洛伊德把它称为俄狄浦斯情结。他经常从性和俄狄浦斯情结的角度去解梦。

有一次荣格跟弗洛伊德讲了一个梦："有天我梦见自己在一个很大的别墅房间里，房间里有一扇大铁门通往地下室。我推开这扇门走入地下室后，发现里边的光线比较阴暗，就像是鬼屋一样。我在地下室里挖开了一个坑，坑里有些像人的骨头和碎的陶片之类的东西。"

当时的荣格比较年轻，在弗洛伊德心目中，就像自己精神上的儿子或是学术继承人一般。弗洛伊德听完这个梦后，给出了解释。他认为这个挖出的坑，就像一个坟墓，里边有人的骨头，象征着有人会死。而地下室也有象征意义，就是一个人的潜意识。总体来讲，这个梦是荣格在潜意识中，想让某个人死掉并埋葬他，这个人是谁呢？就是他精神上的父亲，也就是弗洛伊德本人。所以弗洛伊德最后得出的结论是，荣格可能在潜意识中希望弗洛伊德死掉，这样就没人阻碍他成为第一了。

但是荣格听完马上反驳，给出了别的解释。他说自己前一段时间特别痴迷考古，那个在地下室里挖的坑，坑里的死人骨头，还有陶片，正像个考古现场。所以也许这个梦，并不是象征着杀死什么人，而是象征着在古代掩埋的东西中，可以发掘出更有价值的一部分。

显然，荣格对这个梦的解释跟弗洛伊德的解释是不一样的，却和他自己提出的心理学理论非常一致。在荣格理论中，认为在人的潜意识中有一个很深的层次，叫作集体潜意识（也叫集体无意识）。在那个层次中存有原始人类的心理经验，它们在每个人的潜意识中存在着，就像一种精神遗传或是心灵遗产。

这种存在于每个人潜意识中的原始心理内容、心理经验或心理知识，是非常宝贵的，只不过我们难以找到它们而已，一旦找到的话，就会变成巨大潜能。

荣格对自己的这个梦的解释是能够自圆其说的，那么他和弗洛伊德的解释究竟哪个对呢？其实都对。因为我们后来发现，荣格对弗洛伊德，的确有像弗洛伊德所说的那种想在精神上杀死父亲的愿望，他从弗洛伊德门下出走后自创一派。这个过程在弗洛伊德看来，正好是对那个梦的证明。所以，梦的解释会有多重意义，这也是一种非常奇妙的现象。

再举个例子。如果有人梦见自己有把宝剑被折断，弗洛伊德会说这是阉割象征，剑是他的性器象征，剑断了象征这个人在性上受挫。

对此，有人可能会给出另一种解释，认为剑是勇气、自信和自我的象征，剑断了可能象征这个人在精神上没有了自信和勇气，象征着精神上的一种自我挫败。这种解释也说得通。我们常常会发现，一个在精神上胆怯、自我挫败，或易被别人挫败、没有勇气的人，往往在性的能力上也比较衰弱。

所以，一个梦会在不同层次反映出不同意义，显示出一个人的很多侧面。

在此也提醒大家：在解梦时，不要误以为给做梦者一个自圆其说的解释后就完了，实际上，它可能仅是众多层面中的一个而已。

当然，很多时候我们并不需要探索一个梦的众多层面，我们也很难做到这一点，往往我们深入梦的某一层面，就能给做梦者一些启发。做梦者通过这些启发，使自己的生活有一点好的改变，解梦的作用就已经达到。

有些心理学家甚至认为，梦的解释是不是百分之百的准确并不重要，重要的是，我们通过解梦和另一个人进行了沟通，这个过程本身就会使做梦者获益。

原则二：进入梦的世界，而不是把梦制成标本

解梦的第二个原则是，进入梦的世界，让自己融入其中。

对一部作品进行翻译时，比较好的方式是什么？是让自己体会作品的整体氛围，切身去体验它、感受它，在此基础上翻译出原汁原味的内容。而不该出现一个词，我们就通过词典找到一个对应的词，然后把所有词堆在一起凑成句子。

我们翻译梦也是这样的，一定要让自己融入梦中，领悟梦的意境和整体状态，而不是像把它制成标本一样很僵化地进行翻译。我们对《周公解梦》很熟悉，虽然经过考证得知，这部书和远古的周公没关系，是后人编撰而成，但是仍有很多人会信。不过，即便是这种众人皆信、经验总结很好的书，也不能成为解梦参考书。为什么呢？因为《周公解梦》讲的都是梦见什么就代表什么，是很僵化的，无法解释同一个事物在不同人的梦中，甚至在同一个人不同时间段梦中的个性化区别。

实际上，同一个事物在不同梦中的意义可能是不同的。比如，梦见蛇可能代表很多不同的意义。

有时，蛇象征狡猾，我们梦到的蛇代表某个狡猾的人。但有时候，蛇代表狠毒，重点不在狡猾而在狠毒上，因为毒蛇咬人是能要人命的。

蛇也可以代表性感。虽然现实中的蛇并不性感，但是我们可以想象一下电影《青蛇》里的王祖贤饰演的白蛇，以及张曼玉饰演的青蛇，用"水蛇腰"扭啊扭地走路时是很性感的。所以在人的潜意识中，蛇有时可以作为性感的象征。

蛇还可以代表智慧。这种智慧不是指智商160分以上，或者考试得100分，而是一种直觉的智慧，能够抓住事物本质，发现事物最深刻的内涵。在西方文化中，医疗之神手中所拿的象征医疗的手杖上缠着蛇，代表的就是这种智慧。

有的时候，蛇还会象征邪恶，比如在圣经故事中，蛇会诱惑亚当夏娃去吃禁果。

既然蛇有很多的象征意义，那么在某一个梦中梦见蛇，有什么意义呢？显然我们要根据整个梦境和故事情节去体会。

比如，《青蛇》中的白蛇为什么是"白"的？其实"白"也有许多象征意义，有时象征纯洁；有时象征苍白，代表着没有生命力；有时象征死亡，如办丧事的时候穿一身白；等等。

那么，"白"和"蛇"加在一起是什么意义？此时要看整个故事。通过情节推进，我们知道，白蛇的"白"可能象征善良和心地纯净。而"蛇"在这里有多种意义，比如可能跟医疗有关，白蛇是开药店的，实际象征医疗之神，但同时它又是性感的，可作为性的象征。

总之，解梦一定要依据梦境的各种细节来整体理解，一定要先感受梦，而不该生搬硬套一些解梦知识。这样做可以避免在套用时牵强附会，或怎么套也套不对的尴尬处境。

在具体操作层面上，当我们进入梦境来看一个梦时，应该像看一部电影一样。看电影时，我们并不会一边看一边分析电影的主题思想是什么，想要反映什么，多数时候只是在看而已。解梦也一样。

面对一个梦时，我们首要做的是像放电影一样，把对方描述的梦境在眼前播放一遍，只是去看它，感受它，体会它带给我们什么样的感觉。我们这样做时，实际已进入梦的世界，可以更好地把握梦的基调、氛围，此时再解梦就不会离题太远。

如果是心理咨询师给来访者解梦，这一步更加重要，因为重点在于整个过程中咨询师和来访者之间的互动质量。解梦不是做作业，不能用完成作业的对错来评判，而是重在过程。

梦是一种媒介，借助这种媒介，解梦者和做梦者会经历一个理解、互动和交流的过程，也是情感沟通的过程。在这个过程中，如果双方能够通过解梦达到彼此理解，尤其是让做梦者感觉到自己被理解和懂得，对方知道自己的心情，那就是一件美好的事。那么，解梦就是让人感觉幸福的体验过程。

我们进入梦的世界并开始解梦时，会感觉到梦不是死的，而是鲜活的、有生命的。我们可以在解梦接近尾声时，请做梦者进一步想象，这个梦如果有续集的话，它可能会怎么演，会发生什么？

在意象对话心理治疗中，咨询师们经常会让做梦者放松地去想象：如果这个梦继续做下去的话会出现什么情景？梦里的人会做什么？我们发现，做梦者所描述的梦境，多数是对之前梦境的补充和延续，抑或进一步的深入展现，会出现很多有意思的东西。

那么，怎样进入梦的世界？又怎样让梦继续发展呢？

首先，我们要让做梦者放松，请他在身体松弛、情绪不太紧张的情况下讲自己的梦。其次，我们要告诉他，讲梦时不要太草率，不要说"我昨晚做了个梦，梦到一条狗，狗是什么意思"这类过于笼统的话，而要像描述电影情节一样详细地描述梦中的细节。比如，梦见一条什么样的狗，狗具体长什么样子，狗做了什么，后来又发生什么，等等。

在整个描述过程中，做梦者是在复演自己的梦。如果把梦比成电影，此时就是让电影重演一遍。当做梦者把"电影"演到某一段落或演完时，解梦者就可以对他说："好，现在请你闭上眼睛，想象一下，如果这个梦可以继续下去的话，会怎么演、演什么？"此时多数人是可以想象出来的。

当然，这种想象练习并不会像真的做梦一样清晰，但在做梦者心中会出现进一步的故事。此时，我们跟着他再看一下新故事中发生了什么，也是进入梦的世界的一种方式。而且我们可以分析这个继续上演的故事，看看它和我们对这个梦的解释是否一致。

这样做，既可以帮助解梦者校正之前分析的不准确之处，也能帮助做梦者换一种方式来表达自己想表达的内容。

有的时候，梦会以不同的方式来表达同一主题。这就好像我们吃了一种水果，别人问是什么水果，我们也许会说它有点像苹果，但是可能也不对，因为它还有一点菠萝的香味。此时我们很可能会尝试用多个比喻来精确地表达它。

同样，当我们请做梦者介绍自己的梦时，如果让他继续想象这个梦，他会换一个视角来说明梦对于他的意义。他说得越多，我们对梦的理解也就越多，有利于弄清梦原本想表达的意思。

　　所以，进入梦的世界，是解梦过程中最重要的一步。

第9讲

原则三：以象征的理解为基础

解梦的第三个原则是，以象征的理解为基础。

象征，是指用一个形象来代表一个事物。人们常常会用一个词或一种描述来定义自己想表达的事物。比如"法律"这个概念，作为行为准则，当我们以形象思维活动中的原始认知来表示它时，会选用一个形象如一把尺子或一个天平来表示。俗话说"百姓心中有杆秤"，这个"秤"的形象，在原始认知中用来表示"衡量公平的标准"。

梦的思维正是这样，所以解梦中有个类似于周公解梦的说法，就是梦中的某物代表着某种意思，也就是有关象征的意义。一般来说，哪些东西象征着什么，在梦中是有普遍性的。

当然，这种象征并不容易被理解，因为象征和日常用语不

是一一对应的关系。好在即便很复杂，解读它们也还有一定规律可循，只不过这规律不是后天学习来的，而是先天即会。就好像我们觉得用秤或天平来代表法律，或是代表法律背后的正义感是贴切的，因为它们有某些共同的内在特点，比如天平、秤和尺子都是度量工具，而度量工具最大的作用就是在交易和分配时维持多方公平，公平正是法律和正义所追求的核心精神所在。所以即便没人讲过，也不需要人规定，人们都有这样的感觉。准确地说，在人的心中，什么东西可以象征什么，倾向于象征哪几类东西，是先天而来的，也就是孔子所谓的"生而知之"。

但有个问题是，虽然这种知识对于每个人来说是与生俱来的，多数人却不见得会识别和运用它们，只是在潜意识中懂、在做梦时懂，醒了之后就不懂了。所以我们需要学习解梦，通过不断接触各种各样的梦，来让自己对各种象征和其意义逐渐熟悉起来。

在心理学家中，第一个研究解梦的人是弗洛伊德。他提出了一些常见的象征意义，多数和性象征有关，也就是那些可以用来象征性的事物。比如，他认为所有形状像棍子或柱状的，刀、枪、剑、戟、矛、棍棒、香蕉、笔，还有雨伞（雨伞打开以后就会变得更大）、气球（能膨胀的）、山峰等，都是男性或男性性器的象征。

同样，他认为能够象征女性性器的东西也很多，比如花瓶、包、碗、杯子，甚至箱子等。为什么很多女性喜欢买包呢？按弗洛伊德的观点，包是女性性器的象征，买特别值钱的包，就象征着女性觉得自己很有魅力、很值钱。

他还认为，很多东西都可以作为性行为的象征，比如爬楼梯、坐过山车、游泳、跳舞、在天上飞等。在神话剧中有这样浪漫的情景：男主角和女主角一起手拉着手在天上飞。从弗洛伊德的角度看，这就是一种性象征。当然，也不一定就是在天上飞，两人共同骑着马跑、骑同一辆自行车或者骑同一辆摩托车，也都是性象征。

那么，什么事物不是性象征呢？仿佛在弗洛伊德的观点中是没有的，任何事物都是。他这种对性象征的看法对不对呢？其实是对的。因为的确是任何东西都可以看作性象征，当然，它们同时也可以用来象征别的东西。象征本身是双关或多关的，并不妨碍多种解读。

既然所有东西都可以作为性象征，那么进一步推理，是不是性又可以看作一种象征？答案是肯定的。比如，我们可以把一把枪作为男性性能力的象征，但是男性的性能力强这件事本身，又可以作为自信的象征、勇气的象征以及进取心的象征。同样，包可以作为女性性器的象征，但是女性的性器，又可以进一步象征为一种包容和富有，因为包中可以容纳很多东西。

所以象征是很复杂的，我们不能把一个东西的象征意义事无巨细地说清楚，但是可以了解一些大体规律，会对学习解梦有帮助。比如上面提到的弗洛伊德把很多东西看作性象征，但也可以作为别的象征，如香蕉，可以作为男性性器象征，也可以作为热带风情的象征；花瓶作为女性性器的象征，也可以作为美丽但不具备实用价值的象征；等等。

许多人告诉我，他们很想学习解梦，希望尽可能多地了解什么东西象征什么。我的建议是，可以先简要了解一下主要的象征，然后在学习过程中一点点丰富自己的知识，还可以阅读一些专门讲象征意义的书籍。当然，最重要的不是读书，而是亲自解梦，在解梦中进行体会和总结。

下面我介绍几种主要的象征。

从大的规律来看，所有自然物，就是那些没经过人工加工、跟动植物无关的大自然中的事物，往往象征着心理世界中最自然、天然的东西。比如天空、大海、沙漠、河流、云朵都是自然物，它们最常见的象征意义，就是一种心理世界中最淳朴自然的天性，以及没受后天影响的东西。

比如晴朗的天空，常常象征着一种开朗的心情，这种心情是孩子也会有的，而且是孩子最容易拥有的，里面没有杂念和乱七八糟的社会化东西，纯净而晴朗。再比如大海，可能象征着人的最基本心情、情绪和感受，有时平静，有时波涛汹涌，代表着我们内心很纯粹的部分。

植物一般象征的是和气质、状态有关的基本生命力。枝繁叶茂的植物象征着一个人成长得很好，很有生命力。如果是枯枝败叶，则象征着一个人的生命力不足和不健康。

动物最常见的象征意义，跟一个人的性格有关。比如我们常说，这个人像大灰狼一样凶狠，那个人像小老鼠一样胆子特别小，另一个人像猴子一样没有安静的时候，这些象征反映的正是人各种各样的性格，当然不限于此，还有别的象征意义。比如老鼠除了象征着胆小之外，有时还象征着死亡。这种象征可能是因为人死了以后，需要埋在漆黑阴冷的地下，而那里正是老鼠生活的地方。

还有各种人造的器物，比如汽车、电视、电话、话筒等，这些事物实际是人的某种能力或某种行为的象征。话筒，常象征着表达行为，象征把自己内在的东西表达出来。而汽车象征的是行动力。为什么青年人多喜欢马力大的摩托车？正是因为当他们骑上那类车时，会感觉自己非常有力量和行动力。

　　常见东西的象征意义还很多。当我们了解一些后，就会知道梦中的形象可能的象征意义，或者至少可以确定这些形象象征的是什么方向或哪个范围，这样在下一步进行更细致的分析时，就会容易一些。

步骤一：先从整体看梦

下面我们来学习一下解梦的步骤。如果一个梦特别简单易解，或者解梦者本身是高手，就不需要按步骤解了，但是对于初学的解梦者来说，如果碰巧遇到的梦不是特别简单，就可以按照下面的步骤一步一步地进行。

第一步可以怎么做？根据我的经验，应该先从整体去观察一下这个梦。

不太会解梦的人往往容易犯一个错误，就是从一开始就盯着某个细节去破解，没有整体性，这很容易犯"只见树木，不见森林"的错误。前面说过，一个意象的象征意义在不同背景和不同情境中是不一样的，如果仅从某个细节入手来判断它的意义，很容易出现支离破碎的解释，不能形成整体。

比如看到梦中出现了某个东西，就去解释它，再出现某个东西又去解释，是没法把它们整合在一起的。就像前文提到的，弗洛伊德认为很多东西都和性有关，但是那些东西在某个人的具体梦中，真的跟性有关吗？可能有，也可能没有。此时如果生搬硬套地去解，可能越解越乱。所以解梦的第一步，是要对梦有整体把握。

如果想对梦有整体把握，有个要求就是，无论是自己的梦还是别人的梦，要把梦的内容尽量完整地记下来，或是尽量完整地复述一遍，要把各种细节说出来。很多人来找我解梦，我发现他们常有一个问题，就是把梦高度简化，本来是一个很长的梦，会简化成一两句话。

有个做梦者曾告诉我，"哎呀，我昨晚做了个梦，梦见我找不到家了，这是什么意思？"而他在梦中何时找不到家？去哪儿找不到家？梦中的家是什么样的？这些具体内容都没有讲。在这种情况下，想从整体上把握这个梦是不可能的。所以，我们要把梦完整地记录下来，或是完整地讲出来，以便从整体来看梦。

所谓的从整体看梦，有几个关键点需要牢记。

（1）当做梦者把一个梦完整讲出来后，解梦者应该从整体氛围和情绪上感受这个梦。

为什么要先把握梦的整体氛围和情绪呢？一种有意思的现象是，梦中所见的东西和白天现实生活中所表示的意思常常是不同的。比如，我们白天看见一杯酒，它的意思就是一杯酒，但是如果我们在梦中看到一杯酒，它也许代表着一次恋爱、一处醉人的风景、一次令人沉醉的经历等，都有可能。唯一不太可能代表的，反而是酒。所以梦中的东西代表什么，往往是富于变化而难以理解的，但是梦中的情绪却会和做梦者的真实情绪保持一致。

有人曾做过一个梦，梦中都是很美的场景，里面有一个像宫殿一样漂亮的地方，金碧辉煌，堆满了各种宝石，开满了鲜花，但是这个人却觉得很害怕，有一种莫名其妙的、隐隐的恐惧感。

此时解梦的关键，不是那些表面上看起来很好的东西，而是这种隐隐的恐惧情绪。也就是说，情景可能是假的，但情绪往往是真的。如果我们感觉一个梦比较奇特，情景表现出来的状态和做梦者的情绪特别不符，那么情绪往往是真的，它所指向的方向才是一个梦真正要表达的。

（2）要看梦的主题是什么。

说起梦的主题，我认为有个很好的分类方式，就是借用电影（或电视剧）的分类体系，比如恐怖片、动作片、警匪片、爱情片、历史片、家庭片等。这种分类方式很合适不同类型的梦，噩梦可能是恐怖片，美梦可能是爱情片，有日常琐事的梦更像是家庭片，等等。

这样分类的好处是，我们确定了整个梦的类别后，就会相对清晰地知道它可能思考的是什么方向和哪类问题。比如梦中的动作片、战争片之类，往往思考的是和压力、冲突有关的问题；梦中的家庭剧，更多思考的是日常琐事中的烦恼或喜悦。

当然，如果我们对梦中故事有个简要的总结就更好了。就像给电影做简介一样，我们也可以给梦做个简要的总结，这样做会更好地找到这个梦的整体方向，随后再去理解梦中细节时，就可以在大方向中找答案，范围会缩小许多，也会大大提高解梦的效率。

要知道，一个象征可能有几十种甚至上百种意义，在这个梦中会是哪种意义呢？此时如果我们知道梦的分类和主题，就能把象征的意义范围进行缩减，比较快速地找到答案。

（3）我们不仅要看梦本身，还要考虑和梦有关的一些周边因素，比如做梦者的年龄、性别等。

同一个意象，在小孩和老者的梦中，其象征意义可能不一样。比如有个很典型的梦中意象——过河，如果一个小孩梦见过河，其象征意义可能是探索，要去一个新领域；但如果是一位很老的长者梦见过河，很可能是他要离开这个世界的象征，梦中的河也许象征着冥河。虽然这个解释不是绝对如此，但往往如此。因为年长的老人探索欲可能会相对小一些，会更多地思考如何面对死亡，而小孩是不太会思考和死亡相关的事的。

不同性别也需要考虑。同样一个意象，被男性梦到和被女性梦到，其象征意义是不一样的。比如男性梦见月经来了，和女性梦见月经来了，其意思是不同的。男性梦到月经来了，其象征意义可能是某个亲人，或是某个老师、某个长辈要到访。女性，尤其是青春期女性梦到月经来了，可能真的象征着月经将至。所以不同性别做同样的梦，其意义是不同的。

（4）要了解做梦者最近正在关心的事，以及他的生活中是否发生一些特殊事件。

这对解梦是很好的参考，因为当一个人的生活中正在发生一件很特殊，或是重大且有影响力的事件时，多数时候会出现"日有所思，夜有所梦"的状况。此时我们去探索梦的意义，就可用这件事作为参照，解梦就会更容易找到方向，而不是漫无边际地乱猜。

总之，如果把梦比作谜语的话，当我们对梦有了整体的了解，就等于给谜语圈定了一个范围，猜中的概率会增加许多。

步骤二：把握梦的结构和模式

从整体把握是解梦的第一步。第二步，需要对梦的结构和模式进行了解。

梦的结构，就是梦的情节线，即故事线，包括情节如何展开和推进，梦境由哪些细节构成，等等。梦的模式，主要是指梦中主人公的典型行为方式，或是梦中所出现事物共性的、重复性的方式等。另外，如果梦中的某个情节出现了重复，就算仅有两次，也可以把它看作一种模式，它们都是我们理解梦的入口。

比如，某个人在梦中要去一个地方，结果坐错了车，过一会儿，他梦见在某个地方做着某件事，自己又拿错东西，该带的文件没带。这里就有一种共同的模式——出错，一次是坐错车，一次是拿错文件。我们就要从出错入手来解梦，因为它很可能是和出错主题相关的。

再比如，另一个人在梦里买东西，刚好发现东西卖完了，随后他在梦里吃饭，又发现饭不够吃，这个梦就出现了一种匮乏模式，匮乏在这个梦中是有意义的。

还有个人在梦中总是很侥幸地成功，先是梦到买彩票中了奖，后来又梦到干另一件事也侥幸成功了。我们就要关注这种侥幸成功的模式对他的意义。

有个做梦者是女性，在第一段梦中，她交了个女朋友，仿佛自己是个男的，行为表现也像个男的。在第二段梦中，她在遛狗，狗根本不着急赶路，慢腾腾地拽着她，反而是她自己在前面很着急地跑，仿佛她是狗，狗是她。此时我们会看到这个梦有种特殊的模式，就是反转，男和女的反转，人和狗的反转，可以尝试从反转的主题上来解梦。如果她还做了第三段梦，且从表面上无法看清梦的话，我们可以想一想，在这段梦中会不会也有同样的反转模式？比如，是否在表面上是主，实际是客？表面上是高的，实际是低的？表面上是好的，实际是坏的？当我们从模式的角度去思考梦时，往往会解得更到位。

除关注梦中出现的模式外，我们还要了解梦中的关系结构，也就是要了解梦中的主人公，即第一人称视角，多数是做梦者本人，和梦中其他人或事物之间的关系如何。在有的梦中，主人公和其他人物是敌对的，好像在斗争。有的主人公会感觉被害，梦中的其他人物让他感到威胁和恐惧，是被害者模式。还有的梦中，主人公是依恋者，依恋着梦中的其他角色。在梦中各个角色之间，会有各种各样的关系模式，有积极的，也有消极的。

我们了解了梦中的关系结构，就容易知道梦在说什么。和现实生活相比，梦境是不客观的，梦中关系也相对单一和绝对化，主人公往往是关系的一方，其他人、事、物会是另一方。如果梦中的主人公是被害者，其他人或事物就全是施害者，而不可能出现既有害主人公的（施害者），又有帮主人公的（拯救者）角色。

所以，不管一个梦中出现多少个角色，在大多数情况下其实只有两种角色，就是主人公以及作为他反衬的、对面的那些人或物。

另外，在梦中出现的人或物，即便在现实生活中真实存在着，也未必代表他们自己，而是代表着做梦者心中的另一面。也就是说，梦中的主人公和其他人可能都是做梦者本人，是他内心的不同部分。

比如，梦中的主人公在和许多坏人战斗，他很好，别人很坏，但其实梦中的好人是做梦者的一面，坏人则是做梦者内心的另一面，这两个不同侧面在梦中化为对立的人互相搏斗。美好的梦也一样，梦中有两个人在恋爱，其实这两个人可能是做梦者自己的两个侧面而已。

许多人在解梦时容易犯一个错误，就是当梦到自己的家人、朋友或同事时，会误以为梦中的这些人指的就是现实生活中的人，其实在多数情况下不是这样的，只有极少数情况，比如前面讲过的预言性的梦才有可能。

比如在多数情况下，梦中的爸爸跟现实中的爸爸不是一回事，甚至没有任何关系。梦中的爸爸多代表做梦者心中的"超我"，也就是道德准则，或是代表现实中某个有权威的人，如上司、老师等，他们的地位比较高，所以在梦中会用"爸爸"的形象来代表。

还要注意的是，不同的人在梦中的表达方式，在风格上是不同的。如果把梦比作文章的话，有的梦像是短篇，只有很简短的故事，情节很少；有的梦则像一部连续剧，很长，有很多细节；有的梦会以比较写实的方式呈现，梦境中的事和白天生活中的情况挺像；也有的梦很奇异，会出现很多怪异的东西，并且梦中的行为模式、故事情节都和现实差别很大。

当然，梦的表达风格不同不会影响我们对梦的解释，因为做梦者用什么方式来表达不重要，重要的是它所表达的意义是什么。只不过，如果我们在为一个人解梦前，了解了他的梦的表述风格——喜欢做短梦还是长梦，喜欢用有现实感的方式做梦还是用诡异的方式做梦，我们会更容易把握住梦的方向，分析也会更准确一些。

第12讲

步骤三：从有感觉的意象突破

对一个梦的整体氛围、基本模式和关系结构有一定了解后，就会进入梦的细节中，这是解梦的第三步。

前文说梦像谜语，但它并不是一个短谜语，更像是古代石碑上用陌生文字所写的一篇文章。想破译古代碑文，就要先找到一个突破口，知道它可能的象征意义，然后以此延伸，才能把整个梦解出来。

梦中的突破口从哪儿找？一种比较合适的方法，就是找到梦中的某种特定意象。哪种意象比较适合作为突破口呢？可以选择简单的、意义明显的意象。

理解梦的基础是掌握象征意义。我们平时可以多学习有关事物象征的知识，较好地掌握一些常见意象的象征意义。当然，一个意象的象征意义常见的有几个，往往不止一个，所以我们可以从比较常见的意象开始，先找到梦中出现它的情境和细节，再分析它可能象征着什么，这样比较容易。

比如，刀枪可以作为性象征，如果有个女孩梦见一个男人拿枪去追她，很可能是性的象征。我们可以把这个细节作为一个点，再看看故事情节是什么。比如在梦中，她逃进一栋楼里，那个男人也追进来，她跑进一个厨房拿起一个大面团，砸向那个持枪追她的男人，枪被面团包裹起来，打不出子弹了。

那么，这个情节有什么象征意义呢？虽然没有绝对的解释，但如果我们把枪作为性象征来推理，后面情节的含义也就不难明白了，是和做梦者与男性的性互动有关的。

当然，有时我们也要参考做梦者的生活中最近发生的事。比如某人刚刚搬了家，他没有梦见搬家，而是梦见钥匙丢了，那么钥匙的象征意义是什么呢？钥匙常见的象征意义是解开问题的答案，或是进入某环境的许可和条件，同时也代表着建立某种新的人际关系所需要的某种东西。典型意义主要是这几个，在他的梦中可能是哪个呢？

一个人在新环境中，梦到自己的钥匙丢了，可能是什么丢了呢？是否他觉得缺少某种进入新环境的许可？没有钥匙就进不去？是有可能的。因为一个人进入一个新环境，可能会觉得陌生，没办法融入，于是用钥匙丢了的意象来说明自己当前的困境。

如果认为这种解释是相对合理的，就可以把它当作一种假设，从这个点开始找线索，看一看能否和梦的其他部分结合起来进行解释，如果能自圆其说，就可以推进下去。

还有一种方式是，抓住梦中特别的点。有些梦中会出现一些特别的意象、镜头或特别的东西，带给做梦者格外深刻的感受，做梦者会对这个点格外有印象，甚至会仅记得整个梦中的这一点。这个点，就是解梦比较好的切入点或是突破点。如果我们把这个点的象征意义弄清楚，梦中其他部分的意义可能会迎刃而解，因为它往往代表着这个梦所要表达的核心和最重要的部分。

比如，有个人做了一个挺长的梦，其中有个细节是，他看见地上躺着四五只狗。狗躺在地上没什么稀奇，但是这个意象带给他一种特别的感觉，就是他发现这些狗躺得格外瘫软，像稀泥一样瘫在地上，有点像死狗，但实际上在梦中他又知道它们不是死狗，是活的。

这个意象的特别之处是，做梦者看到的不仅仅是躺着的狗，而是以一种特殊形态躺着的狗。我们可以追问做梦者，这样一个让他有特殊感觉的意象，他认为是什么意思？如果暂时找不到线索，甚至可以让做梦者在想象中回到那个场景，继续看那些狗，然后夫体会狗的感觉。

后来这个做梦者说，感觉这些狗让他想起一句话：睡得像只死狗一样。不是死狗，但是"睡得像只死狗一样"。这句话代表什么？代表睡得很死很沉。所以后来他自己从这个点上想明白了，认为自己可能是因为白天太累才梦见这些狗，以这种"死狗瘫"的方式在睡，好像只有这种睡觉方式才能让他的疲劳得到缓解。

这个引起做梦者特殊感受的意象，就是一个切入点，让他明白这个梦可能跟疲劳有关。当然，我们还可以进一步从这个点突破，来扩展分析。比如为什么他梦到的是死狗而不是死猫？这些分析都会让我们有新发现。

梦到的为什么不是猫？因为猫即使不累，睡觉时也是瘫软的，不能表达出做梦者的疲劳感。之所以梦到狗，是因为狗其实是一种很勤奋的动物，爱跑爱动，当狗累瘫时，它代表的是做梦者真的很累了。

此时，我们可以从这个点再往下思考，是什么东西、什么事让做梦者出现这种"死狗瘫"呢？用不断地反复追问，去破解梦。

所以找到某一个意象突破口，并从这个突破口建立一个假说，进行前后引申，往往能够达到以点带面的效果，有利于最终把整个梦解开。

步骤四：建构一个故事

我们对梦中的关键意象有了初步分析后，就会对梦中的其他细节逐渐有所理解，在此基础上，可以形成对梦的整体解析。到这一步时，就等于是把梦从原来的表现形式中剥离出来，通过对各个细节的分析和理解，重新构建一个新故事。所以解梦的第四步是，重新构建故事。

梦是原始认知通过形象思维呈现的故事，从表面上看，尽管它常常是荒谬难懂的，但仍是故事，所以通过一系列的分析和解释后，它会成为一个普通人能理解的新故事。此时，解梦的过程也就基本完成了。

新构建的故事是什么样的呢？一个重要的特点是，它会反映出解梦者的个人倾向性。俗话说"仁者见仁，智者见智"，同一本书中的同一个故事，同一部电影中的同一个情节，不同的人会看到不同的东西。梦也一样，同一个梦，不同的人会看到不同的东西。

比如，弗洛伊德在解梦时，会从任何人的梦中都看到性、两性关系、性行为以及在性基础上的心理冲突等，他创立的"俄狄浦斯情结"冲突学说，也是孩子和父母之间的一种冲突。荣格在解梦时，会非常关注集体潜意识，关注人类从远古遗留下来的心理经验，所以他常会把梦解读成做梦者和自己的集体潜意识打交道的结果，把梦中的种种表现看作原始意象给做梦者的启示。弗洛伊德的另一个学生阿德勒，非常注重人的自卑和优越感，也就是一个人是否觉得自己优越，以及由于自卑而努力去争取优越感的心理活动。他在解梦时，就会更多地看到与自卑和优越感有关的部分。

心理学家们解梦的角度不同，对梦的解释或结论就会不同。我们可能会疑惑哪种解释才是正确的？一般来说，只要符合原始认知的表达逻辑和意图就都是正确的，梦本身是双关或多关的，没有单一的解答。比如，弗洛伊德说一切事物都是性，这个观点听起来有点偏激，但是如果根据我们中国的传统文化来表达，说一切都是"阴阳"，天地万物归根结底都是阴阳之间的交互作用，是阴阳之间的此起彼伏和转化，大家会不会觉得这句话说得有道理？反过来讲，哪些事物象征阴阳最恰当？就是男女。所以说一切事物都是性，也对。

那么，是不是一切事物都和集体潜意识有关？人的思想、感受、情绪，都是建立在人类已有的身心基础上，而身心是进化的产物。我们每个人当下的所感、所想、所做，以及所有欲望作为进化的产物，是在长期进化史中积累下来的，自然也会反映出很多古老智慧。这样看来，荣格的说法也是对的。

从阿德勒的角度看，人在社会生活中难免会和他人产生比较，一比较就会有优越感或自卑感，如果说人类生活中各种各样的事和阿德勒学说有关，也没有错。

当然，即便有诸多理论和概念的支持，在解梦的过程中也会有出错的时候。比如，我们把一个梦解成和性有关，这个梦可能真的和性有关，但是否按照我们所解的方式与性建立联系就不一定了，而这点才是解梦对错的关键。

梦是否解得对，可以从以下两方面来衡量。

（1）解梦者新建构的解释能否自圆其说，同时让做梦者感觉解释得很好。

即使我们能对梦进行非常漂亮的解释，并且自圆其说，但是如果做梦者本人并不接受，我们的解梦也不成功。此时我们应该尊重做梦者的意见，要相信他们才是最懂自己梦的人，他们最知道自己梦的要点在哪里，需要被关注的核心在哪里。虽然他们意识层面不见得知道，但潜意识中是清楚的。

（2）一定不要有固执不变的先入之见，而是以对做梦者的启发和帮助为主要依据。

虽然做梦者听到一种言之有理并自圆其说的解释总会有些启发，但是这种解释是对做梦者最有帮助的吗？不一定。任何人都无法断定从哪个角度来解梦会对做梦者更好。解梦的最终意义，在于帮助做梦者更好地认识自己，这点需要解梦者时刻牢记。

弗洛伊德是应用现代医学和心理学理论进行解梦的创始人，同时是一位非常伟大的心理学家，但从某种意义上讲，他有个缺点，就是会固执地用性来解释一切。虽然解释得通，但这种思路不一定最适合做梦者，对做梦者最有帮助。一个太有先入之见的人往往有局限，这就好像是一个坚持做仁者的人，满脑子都是"仁"，他能看到生活中所有的"仁"，却不见得留意到其中的"智"。

所以我认为，好的解梦者应该是灵活的，心里要知道，用什么方式来解梦对做梦者更好就用什么方式，一定不要有先入之见。

我们把解释讲给做梦者听时，注意观察对方的反应，看对方是否觉得有启发。如果做梦者听完解释后恍然大悟，比如说，"噢，本来我不知道这个梦是什么意思，但听了你的解释，还真是这种感觉"，此时的解梦就会帮助做梦者对自己的内心有更多的了解。

再如，做梦者本来有件心事正犹豫不决：究竟是继续异地恋还是结束这段关系呢？听完我们的解梦后，他仿佛知道自己内心深处真正需要的是什么，知道怎样选择才能让自己幸福。此时的解梦不仅帮他得到了启发，还帮他做了现实生活中的一个选择，这才算是成功的。

相反，如果解梦者觉得这个梦解释得太好了，非常漂亮，但是做梦者听完后没有感觉，甚至觉得不对，这就不能算是一次成功的解梦，因为解梦对于做梦者没什么意义，并没把他的心跟解释连接在一起。

还有一种特殊情况是，也许我们的解释是对的，做梦者内心深处也知道我们的解释是对的，但是刚好撞上他不愿意承认的一个痛点或情结，仿佛在揭他的伤疤，此时他也可能不承认解释是对的，甚至可能进行很激烈的反驳。面对这种情况，建议解梦者不要强迫做梦者承认自己的结论。当对方出现阻抗、不愿承认时，我们一定不要急着去触碰，弄不好反而会伤到对方。

　　如果是咨询师在心理咨询过程中遇到这种情况，在条件具备时，可以有技巧地触碰这个痛点，帮助做梦者达到更好的自我领悟。需要强调的是，这种操作专业人员才能做，需要掌握好分寸和技巧，业余解梦者没必要做揭人疮疤的事，适可而止就好。

步骤五：和做梦者互动

和做梦者互动，实际是解梦中的一个进阶部分。

前文提到，解梦者在解出梦后，需要和做梦者沟通，把解释说给对方听并观察其反应。如果我们对梦的解释不仅准确而且对做梦者有帮助，做梦者会有一种受到启发，甚至恍然大悟的感觉。如果我们的解释是不准确的，对方会出现一种困惑，在内心问自己，"这解释对吗？也许是吧，但是好像没什么感觉"。另外就是，如果我们的解释触碰到做梦者的伤疤，他会否认或反驳。所以，通过做梦者的反馈来判断我们的解释是否准确，是相对可靠的路径。

多数时候，做梦者不知道自己的梦的意义（否则他们也不会请人帮忙解梦），但是为何当我们把解释讲给他们听时，他们却能产生相应的反应呢？原因是做梦者在意识层面使用的是逻辑思维，不能理解梦的意义，但是在原始认知层面，也就是潜意识或者说在内心深处，实际是知道梦的意义的，当梦解释得准确时，他们的内心会有共鸣。这也是解梦者通过和做梦者互动才能验证解梦是否准确的基本原理。

除此之外，我们还可以和做梦者有其他方式的互动。这些方式既可以在解梦过程中完成，也可以等梦解完后完成。比如有一种方式叫作表演梦，就是把梦里的内容，在解梦过程中表演出来，像演戏、演话剧一样。

这种表演不是做梦者独自来完成，而是由解梦者引导做梦者表演出来。这是一种专业心理治疗技术，不需要完全按照梦中的情节去演，而是以梦中的某个角色开始，自由地发挥，进行表演。

比如，某人在梦中走入一栋楼里，碰到各种各样的人物，有些像教官一样的人在训练他，有些像扫地僧一样的人，还有一些像大学食堂做饭的大妈一样的人，等等，并发生了各种各样的故事。此时我们可以把梦中某一个并没做太多事的人提取出来，请做梦者自由地想象此人接下来可能做什么，并且表演出来。

假设在刚才的这个例子中，出现了一位在食堂做饭的大妈，做梦者梦见自己和同学正在教室里接受军训，门口走过一位食堂大妈，她还探了一下头。在梦中，这位大妈可能只做了这一件事，但是我们可以引导做梦者自由地想象并扮演这位大妈，比如问他，"你现在扮演这位大妈，你走过一间教室，看见有教官正在带着学生们做军训。好，现在你走过这间教室，随后你会走到哪儿？会做什么事？在这一天中会经历什么？你走过教室这件事，会带给自己什么影响？当时有什么情绪？"这会让"大妈"在表演过程中有更多的活动。这些活动并不是梦中的场景，不是梦的一部分，但是会成为解梦的素材。

我们与做梦者的互动，更准确地说，是与梦中另一些人的互动，甚至可能不是人，而是一些物品。

我曾听说有位心理学家在帮人解梦时，对方说在梦中看到一个车牌掉在地上。心理学家就引导做梦者说："你可以想象自己就是这个车牌，你在地上躺着，好，现在说说你的感受、你的心情，就是这个车牌的心情是什么样的？它如果有话要说，可能会说什么？"

做梦者在心理学家的引导下扮演了车牌，并说出了车牌的感受，"我是一个车牌，但是我被掉在满是泥水的地上，被弄得很脏，来往的车从我上面压过，把我压坏，而我本来属于的那辆车，现在找不到我，也成了一辆没牌的车，所以我和它都很悲惨，它惨在没有车牌，而我惨在找不到属于自己的车，而且还被践踏。"

解梦者通过这种方式和做梦者进行互动，会发现一些新的和梦有关的信息。比如通过表演，解梦者可能发现做梦者内心感觉自己被污染、被践踏和被遗失。为什么这么说呢？因为梦中的车牌是一辆车的一部分，它的特点是，本身虽然不能驱动车，却是车的身份证，虽然不能代表一个人的实质特点，却能代表名誉、声望或身份。

所以，在梦中掉了车牌，很可能说明做梦者担心自己的名誉被别人污染或践踏。车牌掉在泥水中，可能代表着他的名誉被人泼了脏水。车牌被别的车碾过，可能代表着他的名誉被别人践踏。车牌与车分开，可能说明他没办法跟真实的自己在一起，等等。

这种和梦中人物甚至是物品的互动，可以大大增加梦的信息量，帮助解梦者对做梦者的潜意识有更深入的了解。很多时候，如果我们仅仅是解梦，很可能会因为梦本身很短，只能解出少量的东西。通过加入和做梦者以及梦中人物、物品的互动，可以深入了解很多信息。

　　我创立的"意象对话心理治疗技术"中的基本方法，就是和潜意识中的意象进行互动。当然，作为专业的心理治疗技术，"意象对话"除了和梦中的意象进行互动外，还可以跟其他意象互动，适用范围更广一些。

　　需要注意的是，当我们带领做梦者想象梦中的人或物时，应要求对方很投入或者说"很入戏"。比如让他想象自己是车牌时，就需要他完完全全地把自己当作车牌，尽可能地站在车牌的角度，去体会它的心情和感受。

　　当然，在现实世界中，车牌是没有感受的，只是一块铁片而已，但是在心理世界中，车牌也可以有感受。让车牌来谈感受，就是在和做梦者互动，只不过不是和他本人互动，而是和他梦中的意象进行互动，意象会提供很多新的信息，帮我们更好地理解做梦者的梦。

　　从本质上讲，表演梦是一种解梦方式，只不过它是一种扩展方式，不限于已经看到的梦境，而是把它扩展到梦衍生出来的联想——"新梦"上，也可以称为"醒着继续做梦的过程"。这种方式可以使解梦的局限性缩小，从而挖掘出更多的信息。

成为自己的解梦师

第三章

梦中常见意象及其普遍性象征

初学解梦的人，往往会不由自主地关心梦中出现的意象具体象征着什么。

这种希望立即知道答案的想法，本身是一种对未知的焦虑。事实上，没有任何一种答案可以完全符合某个人梦中意象的象征，就算有，当我们直接说出答案后，对于做梦者而言，也未必有用。因为解梦重要的并不是直接获得答案，而是在解梦过程中，通过解梦者与做梦者之间的互动沟通，使做梦者领悟到对自己生活有益的部分。

只有经过了双方的沟通，层层剥开梦的真相后，做梦者才能更好地领悟到这个部分。所以，建议初学者们不要急于得出梦的象征结论，而要花更多的时间和做梦者一起感受和讨论，逐步确认梦的真实含义。

当然，了解一些梦中事物的普遍性象征意义，对于解梦是有帮助的。根据解梦的原理看，很多意象的象征意义是有普遍性的，这种普遍性意义在解梦时会给我们指出一个初步方向，以防我们从一开始就走错方向。有些人梦中的象征意义，会和普遍性象征意义相一致。这点比较好理解：它们之所以被称为普遍性象征，正是因为对于大多数人而言是适用的。不过对于个人解梦来说，最有意义的解释还是依据做梦者的个人情况做出的独特解释。

在解梦时，从普遍性象征到个人化象征，大致可分为四个层次。

（1）全人类共有的象征。也就是说，无论哪个国家，无论哪个民族，都为某些事物赋予了共同的象征意义。

（2）国家民族的共同象征。比如龙对于中华民族的象征，往往与西方国家不同。

（3）地域民族特有的象征。在小范围的民族地区或村落中，会有一些独有的文化，从而形成独特的象征。比如有的民族有狼图腾，狼对于这个民族来说，显然就是神圣的象征，但是对于其他民族来说，狼可能是贪婪和凶残的象征。

（4）对于个人而言的独特象征。解梦主要是针对个人的，所以个人化象征往往比普遍性象征更为重要。只有把个人化象征解释到位，才有可能真正理解做梦者的梦意味着什么。

举个例子。有个人被狗咬了，而且咬得很严重，自此之后，当他的梦中出现狗时，也许他和其他人的感受就不一样了。对于他来说，梦中出现的狗可能象征着曾经像狗一样伤害他的人。但是对于大部分人来说，狗是人类的朋友，有忠诚和友善的象征。如果我们用普遍性象征来解释这个人的梦，就会出错。

在解梦时，我们一定要与做梦者进行充分沟通，在完成一系列深入探查后，了解了他的个人化象征，才能把梦解好。当然，作为基础性工作，我们也需要多了解一些普遍性象征，这样使方向不会有太大的偏差，会为解梦的初期节省很多时间，然后可以结合梦境的实际情况逐步确认、解释。这种解梦过程，更有可操作性。

下面集中介绍一些意象的普遍性象征。

象征"性"的意象

前文说过，性梦往往不会在梦境中直接用和性有关的意象表达出来，如生殖器官或者性行为。按照弗洛伊德的理论，直接表达性，是代表着道德规范的"超我"所不允许的。为了能够通过"超我"的稽查，梦需要用伪装、变形等方式来表达。这样一方面可以不被"超我"禁止，一方面获得潜意识愿望的达成。

值得注意的是，并不是所有人都是这样的，也有人会直接用和性有关的意象来表达性梦。

下面介绍一些常见的象征"性"的意象。

鱼：象征男性生殖器或女性生殖器、财富等。从汉语的表达中就有这样的线索，在暗示性交时用"鱼水之欢"来描述。

如果再细致一点，鱼的体型有圆柱的特征可以象征男性生殖器，同时鱼有嘴，也可以象征女性生殖器。当然，鱼也不仅仅象征着性或生殖器，还可以象征其他事物，比如财富——鱼米之乡，年年有余（鱼）等。

鸟：鸟对性的象征，也可以在我们的语言使用习惯中体现出来。比如我们常常用小鸟、小麻雀来形容男孩的生殖器。另外，鸟的飞翔，可以象征男人的性能力强；鸟的坠落，可以表示男人性无能。

实际上，从中国传统的阴阳观来看，鱼和鸟可以分别是女人和男人精神的象征。鱼在水中游，相对于鸟在空中飞更含蓄。现实中，女人往往比男人更含蓄一些，水是一种滋养，风是一种灵气，这也是女人和男人的区别。如果出现鱼吞鸟的意象，则可以表示女人对男人的包容。

蛇：性梦最常用的意象之一是蛇。首先，蛇表示性，特别是男性生殖器，从形状上看这二者也的确相像。蛇也分有毒的和无毒的，毒蛇往往象征着有害的性，比如被强奸。毒蛇或蛇也可以表示与性相关的毒害、伤害，表示憎恨、仇怨等。同时，蛇还有 些典型的象征，比如邪恶的象征或智慧灵性的象征等。

飞翔：梦中的飞翔如果让人感觉到兴高采烈，可以表示性的快乐，相当于性爱带来的飞升、轻飘的体验。

篮子：梦中出现篮子可以作为女性的性象征。有时候装满水果或食物的篮子可以象征性快乐，当然也可以象征着健康的身体等，相对的，空篮子就可以代表空虚。

武器：武器的象征之一就是性，而且常常象征男性的带有攻击性的性方式。女人梦见男人手持武器攻击她，往往代表男人对她的性欲望。在解梦中，需要注意做梦者的情绪感受，如果对手持武器的男人的攻击感到兴奋，就是对这种性方式的欢迎接纳。如果感觉很恐惧，心情很痛苦，就代表对这种性方式的拒绝和恐惧。

脱衣或裸体：脱衣和裸体往往是比较直接地指向性的象征。梦中脱衣服时的感受或发现自己裸体时的感受，表明对性的态度。如果梦见裸体时的情绪感受是愉快的，表明做梦者对性的态度较坦然，没有什么性压抑；反之，则表明做梦者或多或少是不愿或不敢面对自己的性愿望的。如果做梦者对妻子之外的人有性冲动，那么他往往不会做赤裸裸的性梦，而会做用象征物表示性的梦。

这很符合弗洛伊德的理论，即一个男人对自己的妻子有性冲动是正常的，也是道德允许的，就不会被"超我"禁止。但一个男人如果对妻子之外的女人产生性冲动，那么在人类道德文化中是有羞耻感的，甚至是罪恶的，所以会被"超我"禁止，那么梦为了达成潜意识的愿望，就必须加以变形伪装。

建筑物：高大柱状的塔、高楼、柱子，常用来象征男性生殖器，而可进入的房间、洞穴则常用来象征女性生殖器。我们甚至可以认为，一切柱状物都可以是阴茎的象征，而一切孔洞都可以是阴道的象征。

如果一个人梦见钻过很窄的洞穴，其象征就很明确了，要么是出生，要么是性爱。如果是性爱，这个很窄的洞穴自然是阴道的象征。如果梦到爬墙，而且是在一面墙上上下下地爬，那么这面墙往往象征着人的身体，上上下下地爬很有可能象征着性爱，如果还出现进门或进窗，那么就是更加明确的性爱象征了。

花：花象征着女性生殖器，是很好理解的。一方面，花本来就是植物的生殖器；另一方面，在我们人类的文化中，也用花的漂亮来形容女性，而女性也往往比男性更喜欢花。采花大盗指招惹女性的淫徒，自然，花指的是良家妇女。如梦中出现浇花，可以是性爱的象征。

游泳：游泳作为性爱的象征其实非常普遍。特别是在一些游泳的梦中，游了一会儿池水就干了，这在现实中是不会发生的，梦中出现往往象征着性爱。许多人说出游泳的梦都感到很畅快，也正是性爱的感受，但还没享受够对方就不行了，这就像游泳池水突然干了一样，既无奈又尴尬。如果梦见男女合用的浴池，还在里面洗澡，几乎可以肯定是性梦。因为到浴池要脱衣服，洗澡会出汗，这都是性行为的隐喻。

头、手、脚等肢体：可作为男性的性象征。比如总梦见自己的胳膊和腿被砍掉，可能认为自己缺少性的魅力，在性能力上不够自信，因为被砍掉手脚就仿佛被阉割而失去了功能。

水果：可作为性象征。苹果常常作为女性的性象征，代表臀部或乳房；香蕉常象征男性阴茎。其他不少水果也根据其特点可作为性的象征。

风景：特别是有桥或有树木的小山，都可以是性象征。著名的巫山云雨之梦也是性，以及性象征之梦。实际上，"下雨"这一意象的确是性象征，这一点经常在我解梦的过程中得到证实，在风景中，做梦者往往感到心旷神怡。桥也可以作为性象征，这或许是因为，男性生殖器也是一座桥，它把两个人连接在一起。树木既可以代表男性性器，又可以代表女性性器。风景中的河流也常常有性的含义。

第16讲

死亡与象征死亡的意象

　　梦中的死亡：多是表达做梦者对死亡的焦虑，可能是对自己死亡的焦虑，也可能是对他人死亡的焦虑。此外，还有可能是，做梦者的潜意识想要告诉他，他的一些习惯、消极的态度等该"死亡"了，他该有所发展。也就是说，死亡并不一定是坏事，有些时候死还象征着遗忘、消除和克服等，预示着做梦者将获得新生。

　　尸体：代表已"死亡"的事物，比如代表做梦者丧失生机和活力，变得僵死。如果梦中的尸体是自己，或者梦见自己变成了石像，可能表示担心自己变得僵死。不少时候，我们用回家来代表死亡，正所谓"视死如归""叶落归根"。人死变成鬼，古时其实"鬼"字有"归"的意思，指人回到原来的地方。所以，死亡在某种意义上就是一种回归，死亡就是"尘归尘，土归土""落叶归根"，这样就更好理解了。

脸色苍白、沉默的人：代表别人的死亡。脸色苍白代表没有血液的流动，沉默代表不会开口说话，二者结合起来也就是死人才有的状态。

出水入水、入洞出洞：严格地说，入水和入洞都象征着死亡，也都象征着出生——一种新的状态的出生；出水和出洞首先象征着出生，但也象征着出生以前的状态的死亡。只不过，需要辩证地看待是什么生，什么死。当然，入水和入洞更多地象征着死亡，而出水和出洞则更多地象征着出生。

飞上云端：这大多是表示高潮和快乐，但是有时也可以表示死亡，如我们常用"羽化升天"表示一些高人的死亡，也经常用"上了天堂"表示死亡。

化蝶和化鸟：还可以用化蝶、化鸟飞走来表示死亡。

收割：可以表示死亡。死神收割我们的生命如同农民收割粮食。

入地：可以表示死亡，特别是在地下发现房舍、发现已故亲人的时候。对我们来说，别人的死就是他"永远离开了我们"。因此，梦见亲友来辞行，有时可以代表死亡。

坟：象征死亡、埋葬。如前所述，死亡或埋葬未必是可怕的，如果被埋葬的是自己的伤痛、错误和缺点，这是一件好事，所以梦见坟时，看看坟里埋的是谁，再分析这个人代表什么。另外，坟还象征安宁。

第17讲

身体部位

　　梦中的意象很多时候跟身体相关，人类有发达的大脑以及心智体系，心身本是一体的，身体象征是非常普遍的。

　　头：象征"理智"，与思考能力有关，因为头最主要的部分就是大脑，也是整个人最重要的身体部分。在心理上，头脑经常比喻为"思考""理智""指挥中心""司令部""首脑"。

　　砍头，第一种象征是惩罚，因此它可能是告诉我们，生活中的某种消极模式应得到改善，表示一种从过强的理性下获得自由的需要，应给直觉多一点空间。第二种象征是阉割，假如一个男人梦见头被砍，特别是秃了的头被砍，往往有这种意义。"头"是人的思考总源、理性中枢，因而"头断"便意味着要放弃理性思考。

头发： 象征情感，长发往往和缠绵的情感有关。在日常生活中，我们也常用"万千烦恼丝"代表情感的烦恼。著名武侠小说作家梁羽生代表作《白发魔女传》中的女主人公因被情人背叛而一夜白发，这也是用头发的变化来代表内心情感变化的典型例子。

眼睛： 眼睛是心灵的窗户，同时也可以象征智慧。在象征智慧的时候，眼睛和灯的象征意义颇为接近。眼睛的象征在现实生活中比较普遍，如"心明眼亮""火眼金睛""识人之明"等。

胡须： 可以象征着男子气概和男性的性，也可以象征智慧。胡须是一个很有意思的象征，一方面只有男人才会有胡须，所以自然会成为男人特质的象征，那么男人的特质自然包括强大的力量、男子气概、男人的性等；另一方面在人类的文化中，智者常常是以老人形象出现，且有长长的胡须，长胡须老人可以象征智慧老人，胡须就成为智慧的象征。

掉牙： 牙齿掉落的象征比较丰富。

（1）可能是牙齿有什么问题，比如松动或得病等。如果是牙病了，即将脱落，那么这是潜意识提醒做梦者注意牙齿的健康；俗话说"牙疼不是病，疼起来真要命"，也提示"牙出问题"对人的影响其实非常大。

（2）表示"丢了脸"或"破坏了自我形象"，因为牙掉了面容要受影响。

（3）表示说话不谨慎，因为掉了的牙也是要从嘴里吐出来的东西，和词语相似。

（4）表示忍耐，即俗语所说的"打落牙齿往肚里吞"。

（5）表示行动决定权的失去，因为牙也可以象征决断力。

（6）表示两种相反的感受：一是衰老的悲哀，因为人老了就会掉牙，掉牙有时也象征死亡的来临；二是成长的喜悦，因为孩子长大时要脱落乳牙换新牙。

胸和乳房： 有两个重要的象征，一是性爱的欲望，二是母亲。如果成年人不止一次梦见母亲的乳房，说明其在心理上还没有"断奶"，太依赖母亲，缺少独立性。有时，乳房象征的是大地母亲，新生命的源泉，梦是在提醒我们去寻找新生命的源泉。

肚子： 在梦中常常出现能怀孩子的肚子（子宫）意象，它代表出生也代表死亡。肚子象征新的生活，或者一种新的发展潜能，这就是孕育新生的表达。另外，肚子也象征渴望死亡，从生活的困苦中解脱的愿望。这两种象征意义都源于"回到母亲肚子里"这个意象。

梦见肚子时，可能是想重新体会自己在母亲肚子里时的感觉，体会一种平静安宁的感觉。这是潜意识想让我们关注自己的一些非理性态度或行为的根源，或者意味着我们正在寻找，或被潜意识邀请去寻找原初的自己。

血：血液本身是一个人生命力的重要象征，所以梦见血是生或死（如果是流血）的象征。血在手上可以是罪恶的象征，如"双手沾满鲜血""罪恶的双手"。血还象征情感，尤其是爱或愤怒，如"热血沸腾""心血来潮""血肉相连"。梦见血，还有另外一种意义，就是常说的"出点血"或"吐点血"，表示忍痛掏出钱来给别人。

血还象征着经血，指不论你在梦中看见的是血在人行道上还是流鼻血，都可能暗指经血。如果做梦者是女性，象征经血的梦可能表达了与性有关的焦虑；如果做梦者是男性，可能表达了做梦者的恐惧，即对性或女人的恐惧。

如果梦见的是喝血，则意味着获得新生或能量（按照西方人的观念，有宗教意义，象征性地喝牺牲者的血或动物的血，象征加入了上帝的生命的力量）。

裸体：梦见自己浑身赤裸，可能是一个警告，比如"你旅行所需的衣服准备好了吗？你该洗的衣服洗了吗？小心，你会没有衣服可穿的"。

裸体还表示真诚、坦率和不欺骗。

裸体还表示被人看穿。

梦中别人对我们裸体的感受，反映了别人对我们在真诚或性欲上的看法。梦见裸体的异性，往往是一种欲望的满足，在青少年中较常见。

脏东西

粪便：粪便有两个重要的象征，一个是财富、金钱，一个是脏、厌恶的东西。粪便表达脏和厌恶，这不用过多解释，生活中粪便首先就是让人感觉脏，厌恶碰到。但粪便表达财富和金钱则需要说明一下，按照弗洛伊德的精神分析理论，粪便是一个小孩出生后的第一件作品，尤其是他注意到自己的大便是通过努力，承受一定痛苦之后才拉出来时，会很好奇地去观察，甚至想把玩大便，这个时间段就是弗洛伊德性心理发育理论中的"肛欲期"。"肛欲期"，指小孩的快感中心集中在肛门区域，通过成功地排便获得快感。

如果"肛欲期"很好地度过了，孩子在成年后做事容易坚持，能取得较大的事业成就，当然也包括财富。粪便象征财富和金钱，从农业时代农民对待粪便的态度也是可以理解这一点。

人类的大便之所以叫作大粪，是因为它对农作物来说是最好的肥料。既然是好肥料，自然就能长出好庄稼，而好庄稼自然会换来很多财富和金钱。所以粪便象征财富就很好理解了。

粪便，重点就是"粪"字，"粪"就是"肥料"，肥料是有营养的，能滋养庄稼。而"便"字则不同，它更多偏向于排泄的废物，如果倾向于"便"去理解，自然会感觉脏和厌恶。

粪便，既是废物又是财富的双关象征，给我们提供了辩证的思想，就是一个事物的象征可能既是不好的、负面消极的，又是好的、正面积极的。至于如何理解和领悟，需要根据梦境整体的感觉和情节来判断，并通过做梦者的反馈来获得验证。

鬼: 多数象征邪恶、危险和自己内在不被接纳的部分。人走夜路害怕时会想到鬼，因为鬼是可怕的，恐惧在梦中会引来鬼。另外，如果一个人不接纳自己的某部分，就会对其进行压抑，这种压抑也许是无意识的，但实际上是指不让它见光，不见光久了就会变成鬼——不被接纳的部分不管是什么都需要获得表达，往往就会以鬼的形象出现在梦境中。

这里需要指出的是，不被接纳的部分往往和自己曾经遭受的心理创伤有关，如果对于遭受创伤的自己有深深的羞耻感、自责感，就更无法接纳这部分的表达而压抑下来，在梦中成为鬼的形式存在。

特别人物

智者：智者又称智慧老人，少数时候会以女性形象出现。智者常常充满智慧、饱经沧桑、深深懂得人生与世界的直觉智慧，往往以和蔼慈祥或庄重威严的老人形象出现，比如长胡子的老者、国王、魔法师、老和尚、老道士、教师等，有时也可能是老太太、修女等。不论是什么具体形象，实际是同一个原型的化身。

智者原型在梦中所说的话就是原始智慧给做梦者的指导，应该认真记住他的话，解出象征意义，它将给做梦者的人生带来好的转变，会引导其变得更完善，更朝向真实自我。

女巫：女巫这个形象有时是善良的，有时是邪恶的。善良女巫代表内在的智慧、成长、康复，邪恶女巫代表破坏性的潜意识力量。

善良女巫在梦中出现时，往往愿意以她的巫术帮助做梦者实现愿望。如果做梦者在梦中提出请求而且被她接受，是一种很好的象征。

邪恶女巫常见的是童话中的恶巫婆，她象征着潜意识中的危险。如果女人梦见邪恶女巫，有时象征一种虐待和被虐待的性欲望。梦见这种女巫的人，有些会有灵异的表现，比如有某种特异功能，或者让人认为性格神秘、直觉敏锐，但是这样的人不应该发展或放纵自己的这种能力，否则极有可能走火入魔。

外国人：如果做梦者时常和许多外国人在一起，那么梦中出现外国人就没什么稀奇的，他们不过是约翰、乔治或玛丽等。如果做梦者不常和外国人接触，那么，梦中出现的外国人可能是"外人"的象征。

警察：警察主要代表秩序、法律与道德的维护者，也常常是"超我"的象征或良心的象征。梦中被警察追捕，表明做梦者有一些想法和冲动是被"超我"反对的。做梦者不妨反思一下，看看自己是不是有些不好的想法。或者反过来，与"超我"达成和解，让他不要过于严苛。人非圣贤，不能以圣贤的标准来要求自己，否则会不堪重负。

婴儿：婴儿象征新生事物，包括有婴儿般无能、脆弱、纯洁和真实等特征的事物。可以代表做梦者的纯洁脆弱的爱情，可以象征纯洁、无辜、真实的自我，或者象征人格层面或现实生活中的新发展，还可以代表做梦者的本我部分，即自然本性。

如果出现在孕妇梦中，有可能就是指孕妇腹中的婴儿。

兄弟 / 姐妹： 除了可能代表现实中的兄弟姐妹，还有可能象征做梦者自身与兄弟姐妹相似的人格部分。

妻子 / 丈夫： 如果是男性的梦中出现妻子，代表他内心的女性部分（往往是内化的女性特质，大多会有其母亲的一些性格特点，也就是荣格所称的阿尼玛），或者跟他和母亲之间的关系有关。反之，女性梦中的丈夫可能和她内心的男性部分有关，或者跟她与父亲的关系有关。此外，还有可能代表现实中的妻子或丈夫。

同学、同事： 常被用来表示自己的某一侧面。比如，活泼的时候像张三、沉静的时候像李四、和王五一样痴情、和赵六一样自私等。张三、李四、王五、赵六这四位同学都可能会在梦中出现。

家庭成员： 父母，代表我们性格中从父母处得来的一面，或是受父母影响最深的 ·面。子女，表示我们天真纯朴的一面，未长大的一面。弟、妹、子女，可以表示过去的自己。父母，也可以表示未来的自己。

从上述多种梦中人物的象征来归纳，梦中人物往往代表做梦者自己与该人物相似的人格部分。如果兼有几个人的特点，也可以是一个集锦，代表的是这几个人共同的特点。梦中人物还可以表示某个概念，比如用某个富人来代表财富。

　　此外，梦中的怪人怪物，也可以用来表示自己的一部分。如妖怪、野兽、强盗等，都象征做梦者不愿认同的人格侧面；英雄、神话人物等，则象征做梦者向往的人格侧面。

潜意识

下面这些意象，象征做梦者内心的潜意识内容。

蝙蝠：象征早期创伤性经历。对人类来说，蝙蝠是一种神秘可怕的吸血动物，作为一种夜间动物，它可以象征与早期创伤性经历有关的潜意识内容。

蚂蚁：渺小，代表微不足道的小人物。

狮子、猛虎：象征威严勇敢的人。

老鼠：表示胆小怕事的人。

蜘蛛：代表束缚，因为蜘蛛会结网。蜘蛛有时也代表性，因为它毛毛的爪子使人想到阴毛。蜘蛛还代表母亲，代表那种把孩子管得紧紧的、抓得牢牢的母亲。

房屋：象征身体、心灵或头脑。房屋不仅可用来表示自己的身体，也可以用来表示别人的身体。房屋的确像人体，房屋有门窗，像人有嘴。同时，房屋也可以象征人的心灵或头脑，比如人们常说的"眼睛是心灵之窗"。

房屋的特殊部分，或特殊的房子有特殊的意义——梦中的地下室往往代表潜意识。

自行车：象征身体或心灵。比如两人同骑一车表示性爱，如果是女性梦到把自行车锁打开，象征让男友打破对她身体的禁锢，即勇敢地"打开"她的身体。

船横渡窄水道：象征死亡或者从生命的一个阶段到另一个阶段，或与过去决裂，开始全新的生活。

河水或深水：象征潜意识，也就是我们自己意识不到的内容。梦见有东西被水淹没，表示我们把它遗忘了。但是被遗忘的东西并未消失，只是深藏在我们心底。如果是梦见井和泉水，水越清澈说明做梦者的深层情绪状态越好，水越脏说明做梦者的深层情绪状态越不好。

第21讲

象征焦虑的意象

焦虑梦常常有一个典型的特征就是追赶，如被人、动物或魔鬼追赶。下面是常见的焦虑梦中出现的被追赶意象。

被狗或凶猛动物、土匪、强盗追赶：狗或凶猛动物、土匪、强盗等都是本能的象征，常常是焦虑和恐惧情绪的表现，代表做梦者在生活中正面临着某种危险，并对此感到焦虑和恐惧，极力希望逃避、摆脱危险。

被乞丐追赶：寓意生活中可能有人像乞丐一样向做梦者乞讨实物或情感、关注。在现实生活中，更多的情况是乞丐乞讨食物，但在心理和情感层面，乞丐往往象征由于更想要获得情感而放低姿态，甚至乞求的感觉。

想跑却跑不快或跑不动：反映了一种自我认识，认为自己没有能力逃避生活中的危险。很多时候，梦到被追赶，怎么藏都会被发现，怎么跑追赶者都在自己身后。这时追赶的人或动物象征自己的一部分——良心、价值观，或是自己的回忆、忧虑和痛苦等。由于追赶者实际就在做梦者的头脑中，因此多数时候不会藏得让他找不到。

被追赶者咬伤或杀害：象征做梦者平时对自己的本能过于压抑，以致压抑到一定强度后，开始遭到本能强烈的反抗或报复。梦中的追赶者越凶残，说明做梦者本能的压抑强度越大。

被追赶者装死或藏起来：装死和隐藏都具有欺骗性，但梦其实是一个人自己内心潜意识中的游戏，所以象征做梦者在日常生活中往往采用自欺欺人、视而不见的方式，来满足一些本能冲动，即给本能冲动加上一些合理的伪装，从而使自我不感到焦虑。

被追者与野兽或坏人正面搏斗：野兽或坏人代表本能，与之搏斗表示做梦者在压抑自己的本能。野兽或坏人也象征像梦魇般的旧情感或创伤，做梦者想要与之战斗，并成功走出来。

4

第四章

不同类型梦的解析

焦虑梦：
梦见被追赶、战斗、考试，代表着什么

　　所谓焦虑梦，是根据做梦者在梦境中的情绪感受来分类的。梦多数会以焦虑、恐惧、伤心、愤怒等情绪为基本情绪。在古代，原始人做的梦多是焦虑的梦，这是因为他们的生存环境充满了生命威胁，必须时刻提防，以免遭遇倒霉的事，甚至被危险的动物吃掉。现代人虽然没有原始人所面临的危险，但是一些新的、让人担心的事出现了，比如工作压力、孩子上学、通货膨胀、生意赔本等，新事物带来的恐惧和焦虑，会在潜意识中通过焦虑的梦展现出来。

　　焦虑梦的分类，和人类应对危险的基本方式有关。当一种危险出现时，我们会用什么方式来避免呢？最基本的方式和其他动物一样，要么战斗，要么逃跑，要么躲起来，要么装死。

当然，人类还有更高级和复杂的方式，比如事先做一些准备，从而把风险降到最低，等等。这些应对方式就成为焦虑梦的基本类型。

逃跑方式

*

逃跑方式，对应的梦往往是被某种东西追赶，然后一直逃跑。很多人都在梦里逃跑过，因为多数人会在生活中遇到让自己惧怕的东西，并产生逃避心理。在逃跑梦中，自己在前面跑，后面有人或动物在追赶，心里感到很害怕紧张，而且多数时候是想跑又跑不快，这种梦就是典型的焦虑梦。

它的意义其实很简单，就是代表做梦者正在现实生活中逃避什么，并且在后边追他的，往往就是他想逃避的。不过需要注意的是，追他的东西并不是直接形象，而是象征形象，未必和现实生活中一样。

有一首歌，其中有一句歌词是"梦中有大怪兽追着我"。分析一下这类梦见被怪兽追的人，他们在生活中最常见的怪兽是什么呢？经过了解后发现，往往是他们的父母。父母太严厉，就会在孩子的梦中变成怪兽，孩子在年少时无法逃离父母，所以在梦中试图逃跑，但是往往逃不开。

所以，如果有人梦见自己被追，解梦的关键就是找到追他的东西象征谁。从追他的意象上找一些线索，然后针对线索让做梦者进行联想，此时我们就会知道他真正想逃避的是什么，他被追赶的梦基本就解开了。

躲藏方式

*

有些人在梦中想藏起来，以便不被威胁他的人或物发现。这种梦也是广义上的焦虑梦，它一般反映的是，自己内心有些东西是怕被看到的。

比如，每个人心里都有一些不好的想法，不太道德或是不能说出来的，甚至偶尔还是丑恶的。做梦者在内心很害怕这些想法被人发现，甚至有时是害怕被自己发现——被自己的意识发现——害怕这些想法会进入到自己的意识中。此时就会出现躲藏的梦，在梦中千方百计地让自己躲起来，这是焦虑梦的第二种类型。

考试方式

*

有一类焦虑梦会出现和考试相关的意象，也就是说，做梦者会梦见各种各样的考试，在梦中特别紧张，怕自己考不过。有人说，"我在上大学时，好像没做过考试梦，但是大学毕业后反而经常做考试梦，好奇怪啊！"这其实并不奇怪，因为一个人在工作之后会面临很多考验，比如能不能挣到钱，能不能建立起良好的人际关系，能不能找到一个好伴侣、建立一个好家庭，这些都是重大的考验。一个人面临种种压力很大的考验时，可能就会做与考试相关的梦。

有位年轻女性曾梦到她参加考试，整个考场上只有她一个考生，却有好几位考官，考官们都使劲地盯着她，她感觉压力很大、很难受。后来我们发现，原来她要在不久后去相亲，她在内心已经把相亲对象、介绍人，甚至双方的父母都看作考官，参加考试的只有她一个人，这让她感觉很焦虑，于是做了考试梦。

还有的人担心自己的工作任务不能很好完成，比如销售额不能达标，此时可能会梦见考试，甚至有些人做一件事很顺利，比如得到好的升职机会，也会做考试梦，因为虽升了职，但同样是一种考验——能否在新职位上做得更好。

所以，考试普遍象征着对一个人的考验和挑战。梦见考试，往往代表做梦者近期会遇到重要的考验。应对考验，人往往会产生一定程度的焦虑，考验越大越难，焦虑程度也就越大。当考试情境进入梦中，说明做梦者的焦虑程度已经很高。当然，梦到考试除了反映做梦者的焦虑外，也会起到提示作用。比如梦中忘了带笔、脑袋空白、作弊被抓等情节，都可能提示做梦者要做好应对的准备，而不要投机取巧。

梦中的感受，也可以提示做梦者当前的处境，做梦者可以根据对梦的理解做出相应的调整，以便让自己更好地应对考验，实现梦的价值。

那么，什么样的人容易做考试梦呢？就是那些平时比较谨慎、有一点完美主义倾向、害怕犯错、比较关注别人的看法、担心被他人评价的人。

战斗方式

*

有一种常见的焦虑梦和战斗有关。战斗梦与考试梦有相似之处，但战斗梦能量级别更高更猛烈，反映出做梦者剧烈的内心冲突。有时候梦见和歹徒搏斗，往往表示和自己内心的杂念搏斗。

在战斗梦中，做梦者会有很多敌人，很想战胜敌人却往往力不从心。比如，枪枪打中敌人，敌人却没死，因为，敌人往往是我们自己，或是我们心中不愿承认的想法，或是我们人格中的另一面。

抗日战争给老一辈留下了特别深刻的印象，他们不少人往往就会梦到"日本鬼子"。当然，现在的年轻人会梦到其他形象，比如"灭霸"或是一些动漫中的反面人物，然后不得不和他们战斗。梦中的战斗对象，往往象征着那些使做梦者紧张、焦虑的人或事。

值得一提的是，如果在梦中选择的是战斗而不是逃跑，说明做梦者是比较勇敢的人，在生活中碰到困难时，是敢于面对挑战的。还有很多在现实中有进取精神的人，当压力过大时，也容易做和敌人战斗的梦。

所以，如果一个人在某一段时间内，不断地做和敌人战斗有关的梦，其实是在提醒他要调节一下自己的生活。也许他给自己的压力太大，或所做的事超出能力，时间久了对身心健康是不利的。

意外事件方式

*

还有一些焦虑梦，就是梦见丢东西、忘带东西、赶不上车、参加活动迟到等意外事件。从象征意义上看，梦见丢东西往往意味着失落感，是害怕失落某种东西，有时是害怕自己的感情缺失，有时是害怕失去某种好品质，有时是害怕在现实中的损失，比如丢钱、被罚款或失业等，有时则是害怕精神上的损失，比如失恋等。

梦见忘带东西，实际是害怕自己做得不好，害怕自己该做的事没有做。在成年人的工作、生活和感情关系中，这种担心挺多的。

梦见赶不上车，顾名思义，就是害怕错过某些机会。比如，我们都很想赚钱，就像时下流行的说法"一旦站在风口上，连猪都能飞上天"，如果把这个风口当成机会，它具体在哪儿？能否被我们找到？再如，女性都怕老，能否在自己容颜未老前，找到一个可以相守一生的人？当我们害怕错过机会时，会在梦中用害怕错过火车、飞机或赶不上活动等方式表现出来。普遍来讲，这类梦代表想要抓住某个机会。最终没赶上，表示错失了机会；赶上了，表示抓住了机会。

这类梦，有时反映的是做梦者对现实处境的认识，即认为自己会受到阻碍，难以抓住机会；有时反映的是对自己的认识，即正在做的许多事情是不重要的，它们反而会耽误自己做重要事情的机会，可能使自己错过人生中的重要机会；有时反映的是我们内心的反对态度，说明内心有一个声音在告诉自己——这次最好是误车，这次最好是迟到。

当然，具体是哪一种，还需要根据做梦者的实际感受和梦中情节进行分析与验证。

　　人生艰难，焦虑难免，如果发现自己或身边人在做焦虑的梦，我们要学着给自己或别人减压。

美梦：梦见飞翔、性行为，代表着什么

　　对于人来说，如果焦虑梦是一种提醒，美梦就是一种奖励。我们在生活中有好事发生，或者处在一种健康、幸福和满足的心理状态中时，就容易做美梦。有人说，当生活不够幸福时，不是更需要做美梦吗？比如特别穷、苦、不顺时，不是更需要有个美梦来鼓励一下，让自己能够活下去吗？从理论上讲是这样的，但是不幸的是，如果我们自己没有健康美好的心态，虽然需要做美梦，但不见得能实现，因为是否有美梦，并不是我们自己说了算的，在多数情况下，美梦代表的是我们好的心理状态，而不是我们的现实需要。

　　美梦同样分为许多类。

梦见美景

*

最常见的一类，是梦见美好的自然风景。

比如在梦中到了一个山清水秀的地方，绿水青山、鲜花盛开。这一类美梦一定代表着做梦者相应的好心情，而好心情的来源是因人而异的，要在梦里找到线索、暗示或者指标，通过具体分析才能找到答案。

一般来说，一个人如果在心理层面有了成长和进步时，所做的美梦会和自然风光有关，当然，如果在现实中发生了让人感到幸福的事，也会做山清水秀的美梦，特别是谈恋爱的时候。恋爱往往是成年人生活中最美的一件事，所以恋爱的人很容易梦到很美的场景，且多是自然场景。按照弗洛伊德的说法，如果因为恋爱做了美梦，在山清水秀基础上，梦中还会有一些性象征，比如出现一潭清澈无比的湖水，梦中主人公在湖中游泳。游泳是典型的性象征。

梦见飞翔

*

有一类美梦和飞翔有关。

梦中的飞翔大多代表着一种积极向上的心态。我们常听到的这样一句话，"快乐得想要飞起来"，可见，快乐的心情和"飞"这个意象的联系是非常密切的。所以，当我们内心感到快乐时会做有关飞翔的美梦。

不同的快乐来源，会以不同形式的飞翔在梦中表达。比如有些人事业很有成就，感到很快乐，可能会梦见自己变成一名飞机驾驶员，驾驶着战斗机直冲云霄，这种由成就感带来的快乐，往往在梦中是迅速而强有力的向上飞。如果是恋爱带来的快乐，多是浪漫轻盈地飞，甚至可能是双双飞。孩子玩得很开心的那种快乐，在梦中可能是飘到空中，像气球一样飞。

为什么快乐的心情会让人梦见飞翔呢？因为当人感到快乐时，心理能量是向上的，会有一种轻盈的感觉，觉得自己好像飘起来了，而飘起来的感觉在梦中的主要意象就是飞起来。

其实不仅是在梦中，当我们内心很快乐时，即便是醒着的时候，也会有一种轻飘飘的感觉。我们在现实生活中常常看到，一个快乐的人走路，常常出现后脚跟不着地、手舞足蹈的姿势，并且眼角、眉梢、嘴角都是上扬的，整个人会带给别人一种积极向上的感觉。

需要强调的是，不是所有的飞翔都是快乐的，也象征着没有脚踏实地或不切合实际等。比如有的人在梦中被追赶，在恐惧中突然让自己飞起来，以便逃避后面追赶的东西，显然这种飞就不是快乐的，而是焦虑的，它的象征意义不是快乐，而是没有脚踏实地。鲁迅曾写过一个故事，说嫦娥之所以飞上了月亮，是因为她跟自己的老公关系不好。如果嫦娥真是因为夫妻关系不好而登月，她的飞就不能看作是快乐导致的，而是逃避、幻想和不切实际的心态所致。当然这只是比较少见的情况，梦中多数的飞是和快乐有关的。

梦里有欢快动作

*

出现欢快动作的梦也常常是美梦。

比如，许多人曾梦见自己奔跑在田野上，或骑着马在草原上奔驰，或穿着冰鞋愉悦地在冰上旋转，梦中的这些动作实际都是快乐的象征。人在不快乐时，多数是不想动的，比如抑郁症患者总是不想动。而快乐时，人是好动的，所以快乐的梦中会出现比较多的动作。

在爱情电影中常常有这样的镜头：一个人在前面跑，一个人在后面追，两个人边笑边跑，还有两个人抱在一起转圈，等等。这些意象表达的正是一种美好心情。同样，如果从弗洛伊德的理论来看，它们也可以作为性象征，而且是快乐的性象征。

提到性象征，有一类梦是直接梦见性行为。直接梦见性行为，不一定真的是跟性有关。比如有的时候，两个人聊天聊得特别投机，甚至可能是两个"直男"或者两个"直女"之间交流得特别痛快，他们都会有一种很愉悦的感觉——咱们的沟通这么好，而沟通可以用什么来象征呢？也许在梦里就会梦见两个人之间有了性行为，但实际上反而和性没关系，它代表着一种很深层次的交流。

有的梦会出现和性有关的情节，也有可能和性没关系，也不一定是美梦，因为只有让我们感觉美好的才是美梦。比如有些人会强迫别人去接受某种观点，这其实是挺烦人的事，甚至有种通俗说法叫作"强奸民意"。如果有人"强奸"了我们的本意，我们可能会在梦里梦见被强奸。这件事并不美好，自然不能算是美梦。

有些人会梦见被鬼压身，以及和鬼发生性行为，这类梦是性梦，但不是美梦。如果我们梦见与仙女或仙人发生性行为，才可能算是美梦。比如牛郎织女之梦，董永七仙女之梦，这两个梦是同一梦的不同变式，它们象征的是积极快乐的心理状态。在梦中和仙女、仙人相亲相爱，是我们的普遍追求之一，叫作"天人合一"，仙女、仙人代表着天，俗人代表人，"天人合一"是一种很好的感受，会在梦里以这种方式反映出来。

梦带有幻想性

*

有些美梦是带有幻想性的。

有些人会在梦中幻想自己在某件事上得到了好结果，比如幻想自己考上了好大学，幻想自己挣了大钱，或是幻想自己有了好伴侣，等等。凡是带有幻想性的美梦，多出现在我们心理状态不好也不差时。此时，如果我们内心产生一种满足自己某方面需求的强烈愿望，就会在梦中用幻想来实现。

为什么我们会在心态不好也不坏时做这类梦呢？这点大家应该容易理解：一个人心理状态很差时，就算在现实中有更多的幻想，也很难做出美梦来。同样，当我们的想法在现实生活中已得到实现、心理状态很好时，就不需要到梦中去幻想了，生活本身已很美好。而在心态不好不坏时，做个有幻想的美梦，其实是件好事，它虽然只是梦，同样会给我们带来幸福的体验。

补充说明一下：如果有人想让自己多做一些美梦，也不是完全没有办法。比较有效的方式就是，让自己在白天多接触一些美好的事物，比如美好的电影、小说、诗歌等，为晚上的梦做一些铺垫。此时我们如果心理状态不好不坏、生活中没遇到什么解决不了的问题，做这些铺垫，晚上做美梦的概率就会高一些。

　　美梦，可以把它理解为潜意识的一种肯定和反馈。它也许是在告诉我们，在现实生活中我们做了某些正确的选择或是对的事情，或者暗示我们当下解决问题的方式和心理状态是好的，可以继续下去。当得到这类指引后，我们生活的方向会更清晰一些。

身体梦：梦见掉牙、掉头发，是什么意义

梦的一个特点是"一切都是象征"。周星驰有一部电影叫《国产凌凌漆》，在电影中，周星驰饰演的"凌凌漆"身边的器具都不是表面上看到的东西，比如表面是一部电话，但实际是个吹风机。这种场景和我们梦中的原始认知不谋而合。所以，我们梦到身体，其意义也许不是指身体本身，梦到别的东西，反而有可能象征的是身体。

那么，梦到身体可能和什么有关呢？

梦见掉牙

*

梦见掉牙比较常见。民间有种说法，梦见掉牙不好，掉牙

可能代表家中有亲人即将故去。根据我的经验，这种说法在一定程度上是有道理的。因为牙是身体上能够露出来的"骨头"，牙齿掉下来就是"骨头"与牙床（肉）的分离，所以掉牙象征着骨肉分离。

如果一个人的潜意识中对即将发生的亲人故去有些预感，可能会做掉牙的梦，并且这位亲人对做梦者越重要，做梦者越难过，梦中的掉牙场景以及掉牙的感觉就会越吓人。比如，他可能会梦见不仅掉牙而且血流不止，或是掉牙时感觉特别疼，甚至会梦见牙是被生生掰掉或是被人用拳头打掉的，体会到非常痛苦的感觉。当然，如果对做梦者而言，即将过世的人并不重要，梦中的掉牙不会很痛苦，反应也不会很可怕。

掉牙还有很多其他的象征意义，比如象征着成长。孩子在成长过程中是需要换牙的，乳牙掉了，换成恒牙，所以有时梦见掉牙，也象征着做梦者比以前更加成熟，尤其是青少年或心智不成熟的成年人做掉牙的梦，也许意味着他们的内心获得了成长。

有的时候，梦见掉牙象征着衰老。老年人都是要掉牙的，所以如果一个人觉得自己老了，也许是身体老了，也许是心老了，都有可能梦见掉牙。

梦见掉牙有多种意义，我们在解梦时不能生搬硬套，而是要根据解梦的原则深入探查和反复印证。

梦见掉头发

*

头发在梦中象征什么？最典型的是情感。在许多古诗中提到头发时，会把它称为青丝，青丝的谐音是情丝，暗含着情感、情绪之意，所以头发作为情感的象征是说得通的。所谓"三千烦恼丝""一夜白发"，如果我们梦见掉头发，可能象征的是情感上的失落，比如和朋友闹翻或失恋等。有人甚至真的会在现实中掉头发。

另外，和头发有关的一些怪梦，也往往和各种情绪有关，比如梦见头发变成了蛇，这也是一个神话故事的情节，反映的是人强烈的愤怒和攻击性情绪。

梦见身体其他部分

*

同样，梦到身体的其他部分也对应着不同的象征意义。

（1）梦到整个头部。

梦到整个头部，象征着和理智有关的事物。我们思考问题时需要动用大脑，而思考往往与理性密切相关，所以头部在梦中经常用来作为理性的象征。在现实生活中，许多人遇到棘手的事不知该如何应对，或是对某些事没有想好结论时会出现头疼等躯体反应；同样，如果梦到自己的头部受伤或疼痛，很可能象征着在理智上受挫。

（2）梦到脖子。

梦到脖子，象征着什么？脖子是头和身体的连接处，象征着联系或关系。如果梦到自己的脖子被割断、扭断，也不见得很可怕，更不见得会死人，可能只是代表某种关系被阻断了。

（3）梦到手。

梦到手，象征着什么？手是用来操控事物和做事的，比如拿东西、放东西、操控方向盘等，它在梦中主要象征着权力。我们说一个人"到处伸手"或"手伸得很长"，往往指他管得很多，喜欢控制别人甚至滥用职权。如果我们在梦中见到一个手的动作特别多的人，很可能这是一个跟权力主题有关的梦，而不是跟手本身有关的。

总体来讲，通过了解梦中的身体各部分的象征意义，我们可以逐步分析、推断出这个梦和什么主题有关，其意义也许不是指身体本身，反过来说，有时在梦中出现别的东西，可能象征的是身体。

我们每个人身体里都有血液，如果在梦中需要思考一些跟血液有关的问题，往往不会直接梦见血，而是会梦见一些可以用来象征血液的东西，比如煤炭、石油等。为什么梦见煤炭和石油象征着血呢？因为这些都是能源，可以燃烧并产生能量，而身体里的血液，实际也是能源。

有个人梦见许多煤堆在了港口，本来应该运走，但是一直没有运走，导致港口被堵塞。这是怎么回事呢？可能说明做梦者身体中的血液瘀滞不畅。有些女性由于子宫寒气太重（中医叫宫寒），影响了子宫的功能，她们可能会梦见一个水池，水很冷，结了冰，池里的鱼没法活了。水池很可能是寒冷子宫的象征。

再看看，身体有细菌入侵、发炎得病时，在梦中会如何体现？代表细菌或病毒的，往往是蚂蚁、蛀虫这一类昆虫，此时梦中可能会出现一棵树被很多蛀虫蛀得百孔千疮。做这类梦时，我们也许该看看自己的身体是不是有问题？是否身体的某些部位发炎了？还有，当我们身体里的火气太旺，可能在梦里会出现房子着火；身体湿气太重，可能会梦见洪水淹房子；等等。房子实际是整个身体的象征。

这种用不同东西来象征着身体各部分的认知方式，和中医很类似。在中医典籍《黄帝内经》中，大量使用类似的象征来描述身体功能。比如，心是君主之官，指心脏像一位国王，肝是将军之官，是说肝像一名将领。实践经验告诉我们，这样的描述很准确。

　　也许做梦者并没学过中医，但是梦中使用的原始认知正是用这种方式来思考，所以当身体出现一些异常变化，但是变化不是特别大，还没被我们清晰地觉察时，可能会在梦中反映出来。所以，做这种梦的好处是，如果我们的身体真的有病变将要或正在发生，也许能在梦中发现征兆。通过梦的警示，我们可以及早地发现疾病，及时治疗。

脏梦：梦见脏厕所、鬼、老鼠，代表着什么

梦见脏东西，一般来说会产生厌恶感，有时也伴随着恐惧感。其实在人类的各种情绪中，厌恶感是一种很原始的情绪。在非常古老的时期，人类的生活还没有形成社会形态时，就已经有厌恶感了，它的作用是保护我们的身体健康。如果对脏东西没有厌恶感的话，我们就可能吃坏肚子、得病，甚至葬送生命，有了厌恶感，就不会吃脏的东西，在一定程度上就起到了保护健康的作用。可以说，厌恶感是人类为了更好地生存而进化的能力。

再引申一步，人类产生出社会文明后，开始对一些精神上不洁的东西产生厌恶感，用来避免接触那些精神上不洁的行为和人，从而保护自己精神的健康。所以，梦中出现脏东西，往

往是提示做梦者在生活中碰到了一些威胁身体或精神健康的不洁之物。

对于现代人来说，我们难以知道自己吃到不洁食品的风险是更大还是更小了，但是在精神上遇到不洁事物的风险，比原始人要大得多。原始人的生活环境非常单纯，现代人的生活环境则完全不同，每个人都会碰到一些精神上的不洁的东西，当这些东西出现后，我们就可能在梦中看到脏东西。

梦见不洁食物

*

梦中出现的脏东西，最常见的就是不洁食物。比如，有人梦见自己在吃饭，拿起一块馒头片，然后在上边抹上点酱，吃了几口之后突然发现馒头片实际是粪便干，而先前抹的酱是新鲜的粪汤。

做梦者在描述此梦境时的不洁感不是特别强烈，但是他意识到自己吃的是脏东西。后来在为他解梦时，我们发现这个梦中的不洁食物象征的是他在生活中的一些行为，这些行为很龌龊，在梦中以不洁食物的形象出现。

梦见厕所等脏环境

*

除了食品之外，有时我们梦到的脏东西是不能吃的，但是同样感觉很恶心。比如有不少人都梦见过很脏的厕所，地上全是大小便，无处下脚，一不小心就会踩一脚。这种梦往往意味着做梦者遇到了让他感觉像厕所一样的环境，或是让他觉得很难受的、像厕所一样脏的人和事。如果是女性做这个梦，可能是她在现实生活中碰到了一个在性上很龌龊的人，这个人对她有性骚扰，或是没有直接骚扰，却让她感觉很难受。

除了和性有关的脏，其他方面也会有，比如贪污腐败。如果身边有人贪污腐败，让做梦者很不舒服，就可能会出现有很脏环境的梦。我们平时为什么会把那些贪污的官叫作"赃官"？就是因为贪污在精神上是很龌龊的，会破坏精神上的健康和纯洁，如果不小心跟这些"赃官"走得太近，做梦者可能会感觉自己在精神上被污染，变成一个精神不纯粹不干净的人，此时的脏梦就是在提醒他要远离这些人。

还有一种典型的脏梦是婚姻中的一方出轨，另一方有所觉察但没有确切把握，此时有所觉察的一方有可能会梦见脏东西。配偶的出轨可能在梦中以不干净的食物体现出来，也有可能以很脏的厕所来呈现，特别是厕所中的大小便都没被清理，以一种很脏很恶心的形态表现出来，实际反映的是做梦者对出轨的厌恶感。

当然，不一定是未出轨一方做这种梦，出轨方也会做这种梦。多数出轨方心里知道出轨是肮脏的，但是自己控制不了，内心会有强烈的羞耻感和内疚感，此时也会梦见脏厕之类的东西。

当然，有时我们会直接梦见自己或配偶出轨，也可以把它看作和不洁主题有关，但是它不一定代表着出轨本身。梦中的出轨，也许象征着做梦者觉得自己的配偶的心不在自己身上了，不一定指具体行为上的背叛。还有可能是某个人成为某个机构或团体的背叛者，反感他这种行为的人可能会梦见一个出轨的人，因为这种不忠实和对婚姻家庭的不忠很像，可以用类似的意象来表示。

梦见畸形动物

*

还有一类梦中的脏东西，是变态的东西。它们多数不是正常该有的样子，比如长了六条腿的鸡等畸形动物，同样象征着不洁。在解梦时，我们可以根据它们具体出现了哪种变态，来分析出象征哪种不好的心理状态。

梦见鬼怪

*

另一种大家通俗称为脏东西的事物，就是鬼和妖。我们梦见鬼和妖是很常见的，在现实世界中虽然没有鬼，但在梦中一定会有。梦中的鬼和妖，也象征着某种不健康心理。比如梦见一个吊死鬼，它可能象征的是一种自我压抑、委曲求全，内心有很多怨气的心理状态。当吊死鬼在梦中诱惑做梦者去死时，其象征意义是指做梦者在现实生活中压抑太多，以至于感觉活得没意思，处于非常消极的心理状态中。

鬼有很多种，不同的鬼有不同的消极象征意义。比如骷髅，常常象征着死亡，有时也象征着一种内心的贫乏感。古人认为富人是胖子，因为富人有肉吃、有衣穿、有大房子住，生活富裕，所以容易长胖，而穷人往往是孑然一身，穷得只有一副瘦骨架和一件破衣服，如果是更穷的，可能连衣服都没有，这样的穷人常常瘦得像骷髅一样。因此骷髅的象征之一是匮乏感。

这种匮乏感在现代人身上，不一定是指物质的贫穷，更多的是一种匮乏心态，比如对别人没有爱心，不相信别人会爱他们，在生活中没有爱的对象，等等。内心有非常多的匮乏感，在梦中就可能出现骷髅鬼。

同样，其他各种各样的鬼，也有各自的象征意义，但是从总体上讲，它们都象征着心理状态的不健康。

我们在对意象对话技术的研究中，已经对梦中各种鬼的意象所对应的象征意义进行了总结。在个案咨询中，如果咨询师知道来访者经常梦见哪一种鬼，就可以了解对方的心理问题出在哪里。

也许有人会问：既然鬼代表的主要是内心的消极情绪，为什么也算是一种脏意象呢？原因是鬼的意象是会传染的，就像是传染病一样，精神层面的问题也有传染性，尤其是消极情绪。如果一个人经常接触那种心态消极、有心理问题甚至有心理疾病的人，又没有妥当的办法进行处理，自己就可能被感染，也会变得不健康。所以从这个意义上来说，鬼意象也是脏的意象。

总的来说，任何一种脏：脏的食品、脏的动物（比如老鼠、蛆虫、蟑螂），以及脏的鬼怪在梦中出现时，其象征意义往往是指做梦者的一种不太健康的心理状态。

比如老鼠象征着偷鸡摸狗的心理，蟑螂象征着占小便宜的心理，蛆象征了一种不论好坏，什么烂东西都要的心理。如果一个人经常梦见这些脏东西，不妨反思一下，自己在生活中有哪些方面是要避免或改善的。

特别人物的梦：梦见男友出轨，是什么意义

梦中的人物是最容易被误解的。我们往往认为梦见谁就和谁有关，但实际上，梦中的人物往往并不代表现实中的人。在多数情况下，梦中的人物是作为一种象征出现的，也许代表着另一个人或是一种品质等，具体代表什么，需要根据情境分析，不能简单地认为梦到谁就是谁。

由于不懂梦，而误认为梦中人就是现实中的人的现象，在生活中并不少见。比如，有个女孩曾经梦见男友出轨，非常生气，醒来后质问男友为什么这么做。男友很委屈，解释说自己没有，但女孩仍旧很生气，说："你不用解释，在我的梦里你就是做了，所以我不高兴。"这样的事会让人觉得很滑稽和荒谬，但是这样做的不乏其人。

还有一个类似的例子。一个朋友喜欢他们单位的一个女孩，没有表白，因为他已婚，而且是比较规矩的人，不打算搞婚外情。有一次，他梦见一个男同事和这个女孩发生了关系，第二天上班后，他怎么看这个男同事都不顺眼，有事没事找理由为难他。

男同事其实很冤枉，因为如果这个朋友懂得分析梦的话，他就会知道在梦中和女孩发生关系的男人，虽然样子是男同事，但实际象征的是他自己。

想要知道梦中人物真正代表的是谁，有一种基本做法就是联想。我们可以问问做梦者："针对梦中的这个人，你会用什么样的词来描述他？觉得他有什么性格？有什么特点？"等做梦者回答完这些问题，再追问他："除梦中的这个人外，在现实生活中，你的身边还有哪个人也有这样的特点？"

此时，如果做梦者回答另一个人也有相同的特点，那么那个人往往就是这个梦真正涉及的人。也就是说，做梦者多会梦到他关注的人的内在特点，而不是本人。

梦见权威人物

*

许多人梦见过自己和一些位高权重的人物，尤其是某些高层领导一起聊天、吃饭，并且随着现实中领导人的更替变化，梦中的人物也会跟着变化。

实际上，梦中的领导人并不代表领导本人，代表谁呢？很简单，代表着做梦者心中的权威人物。比如，在家庭中常见的权威人物是父亲，所以很多人梦见和某高层领导聊天、吃饭，真正想表达的意思是和自己的爸爸一起聊天吃饭。如果有的家庭中母亲有权威，父亲没有，孩子就有可能梦见和武则天这类女性权威人物一起吃饭或者做事。

当然，梦中的权威形象不一定都代表着父母，也可能代表着其他权威人物，比如单位的领导、学校的老师等。

梦见父母

*

梦中的父母，代表什么呢？同理，梦中的父母未必直接代表现实中的父母，往往代表做梦者心中的某个侧面。

弗洛伊德创立的精神分析理论把人格结构分为三部分，即超我、自我和本我。超我，代表的是我们的人格中负责监督自己按照社会规范及道德准则做事的一部分，是进行自我管理的内心侧面。这个侧面在某些时候（不是所有时候），会以父母的形象出现在梦中。

这是因为在幼年时期，我们并不懂得规则，最早教授我们规则并要求我们按规则行事的人往往是父母。比如不许摸开关、不许随便往外跑、不许吃别人给的东西等，都是父母告诉我们的。一个孩子学会这些规则的同时，在他的内心深处，也会把父母理解成规矩、规范和法则的化身。随着年龄的增长，他会逐渐接触和融入充满各种规则的社会中，当把这些规则内化后，他会开始给自己设定规则，进行自我管理，而这些规则在梦中，经常是用父母的形象来代表的。

当然，并不是说我们每次在梦中见到父母，都代表着规则，也可能是非常慈爱的父母，代表的是一种关怀的情感，或是周围某个对我们很好的长辈等。

梦见异性伴侣

*

如果未婚的人梦到自己的男友或女友，或是已婚的人梦见自己的配偶，在大部分时候代表的是做梦者心中的另一面。

荣格曾特别强调，每个男性身上有女性的一面，同样，每个女性身上也有男性的一面。从生理上区分，人分为男性和女性，但是从灵魂和精神上区分，我们每个人既有男性一面，也有女性一面，当我们具备的异性一面呈现在梦中时，常常会用现实中的异性伴侣形象来表达。

简单地说，某个人是男性，他梦见自己的妻子，实际代表的不是妻子，而是自己身上的女性特质。他梦见妻子干了什么事，实际不见得是妻子干了这样的事，而是他自己心里的某一面打算做这样的事。

梦见孩子

*

梦见孩子，特别是已经结婚生子的人梦到自己的孩子，是否代表现实中的孩子呢？往往也不是。最常见的情况是代表做梦者自己天真、幼稚和不成熟的一面。比如，一个人梦见自己的孩子很可怜，此时并不是他的孩子可怜，而是他本人的童年过得不好，内心一直住着一个可怜的孩子，这个孩子已成为他性格的一部分，此时借现实中的孩子出现在梦中。

有个许多人听过的段子——几个孩子一块出去玩，其中一个小孩穿得非常厚，当别人问他为什么穿这么厚时，他回答，"有一种冷叫妈妈觉得你冷"。显然，这句话中的妈妈，是不知道自己孩子冷热的真正感受的。在她的内心，很可能就有个经常穿不暖的、很冷的孩子，那个孩子是她自己的一部分，往往就是早年的她自己。她分不清自己心里孩子的需要和现实孩子的需要，才给孩子穿得很厚。实际上，她不应该给孩子穿那么多，而是应该给自己多穿一点儿。当她给自己多穿以后，心里的孩子会得到陪伴，她也能更好地感受到现实中，孩子冷热的真正需求。

这个道理看似不难懂，但是仍有不少父母会把自己心中的孩子和现实中的孩子混淆。这种混淆往往带来负面影响，导致父母不断地把心中孩子所需要的东西，给予现实中的孩子，反而没有看到现实中孩子的真实需要。在这种情况下长大的孩子，难免会产生各种心理问题。

比如，有些父母不让孩子学习自己想学的东西，不让他报考自己想报的专业，反而说是为了孩子好，这就是他们把自己心中的孩子和现实中的孩子混淆了。如果这些父母可以通过对梦的分析，来分清梦中出现的孩子，哪些是现实中的孩子，哪些是自己的一部分以孩子的形象显现出来，对他们和孩子来说都会是好事。

梦到有特殊特点的人

*

有时，梦中会出现一些有特殊特点或从事特殊职业的人，他们往往也是一种象征。

比如梦见乞丐，象征着做梦者的内心有一种认为自己很可怜、很穷和孤单的感觉，他的内心有像乞丐的一部分，所以会在梦中梦见乞丐。

再如梦见小偷，可能是做梦者自己有占小便宜、骗别人感情或是想做这类事的心思，才会梦见小偷这个角色。当然，也有可能是反过来的，即做梦者意识到在现实中的某个人想要占自己的便宜，骗自己的感情或想在精神层面"偷"自己，此时多会梦见小偷。

梦是非常有趣的，有时会代表着做梦者的一部分，有时代表着外界的某个人或某件事，还有的时候，既代表自己，也代表外界的人或事。梦中出现的某些职业角色，比如护士，也许象征的是做梦者乐于助人、温柔细腻的一面，也有可能象征着其身边有类似特点的某个人。再如梦中的战士，也许象征着做梦者很勇敢、无畏、有闯劲的一面，但也有可能象征着其身边某个充满战斗精神的人。

梦是变幻多端的。梦中的人是自己还是别人？是象征着现实中存在的一个人，还是象征着一种品质和特点？这些都需要仔细辨析。我们在解梦时，如果想知道梦中的某个人物代表什么，不能仅看这个人物角色，而要看整个故事，要分析梦中各个方面在说什么，然后再把人物角色放在故事情节中进行综合判断，才能看清这个梦的真正意义。

胎梦：怀孕时做的梦，有什么特别意义吗

胎梦是指女性怀胎期间所做的一种特殊的梦。这种梦很特别，反映的不一定是孕妇的内心，而可能和胎儿的心理活动有关。也许有人会问，胎儿还没出生，会有心理活动吗？答案是肯定的，胎儿也有。

孕妇的梦和胎儿有关，是因为孕妇和胎儿有着非常紧密且奇妙的联系。一方面，孕妇通过脐带和胎盘，供给胎儿营养，并帮助胎儿把新陈代谢中产生的废弃物进行交换传递，从而保障胎儿正常的生长发育。另一方面，科学研究表明，胎儿和孕妇之间有一种奇妙的心理作用，叫共情，他们的内心可以同频活动，互相感受到对方的感受，就像"他心通"一样。

现代科学暂时还无法解释这种现象，但是有学者认为可能和大脑中的镜像神经元有关。这种细胞的作用是一个人的大脑中产生活动时，可以带动另一个人的大脑产生类似活动，仿佛照镜子一样。也就是说，胎儿的感受，比如舒服或不舒服，是能够影响到孕妇的，许多孕妇可以直接感受到，而不需要通过理性思维。

有些孕妇在怀孕期间突然很喜欢吃某种食物，而这种食物是她们平时不吃或很少吃的。比如平时不喜欢吃鱼，怀孕之后却特别喜欢吃鱼，吃得很多，等孩子出生后，又不爱吃鱼了。而她们的孩子呢，长大一些后却很喜欢吃鱼。

针对这种现象，有种说法是"孕妇在替孩子吃"。为什么说孕妇替孩子吃食物呢？这是因为孩子天生具有对某些食物的偏好。比如有些孩子的身体更需要鱼所含的营养，所以虽然他们作为胎儿没吃过鱼，但是这种需要会产生对口味的偏好，会希望吃到鱼，而这种偏好所产生的感受被妈妈感觉到，妈妈就会很想吃鱼。

还有的时候，胎儿的性格会影响到母亲的性格。比如一个性格外向的孕妇，怀了一个天性内向的胎儿，孕妇可能会在怀孕期间突然变内向了，生完孩子又恢复原来的性格。等孩子长大一点后，发现真正内向的原来是孩子，这也是一种共情现象。

胎儿的某种偏好或性格对孕妇的影响，不会直接发生在孕妇的意识层面，而会发生在潜意识层面。孕妇在潜意识层面感受到这些来自胎儿的口味、性格和情绪时，就有可能通过自己的梦把它们呈现出来，而这类通过孕妇可以间接地反映出胎儿情况的梦，就叫胎梦。当然，不是孕妇做的所有梦都是胎梦，有些梦也会反映出孕妇本人的生活、性格和心理活动。

根据我的经验，胎梦有时能反映出胎儿的性别。当怀孕月份大一些后，比如五六个月到七八个月，有些胎梦会暗示胎儿的性别信息。如果一个孕妇怀的是女孩，可能会梦到漂亮的鲜花、小羊、小鹿等女性象征。如果怀的是男孩，可能会梦到一些男性象征，比如高山、老虎、强壮的雄性动物或男人等。当然，这种梦不一定百分之百可靠，大家也不要把它作为判断胎儿性别的标准。

胎梦是很有趣的。它不仅可以反映出胎儿的喜好、需要、性别和人格特质等，当胎儿碰到一些不好的情况时，比如胎内环境出了问题，也能反映出来，起到警示孕妇的作用。

比如，羊水太脏了，胎儿感觉不舒服，孕妇可能会梦到很脏的环境，有垃圾或很脏的动物等又臭又脏的东西。如果我们分析这种梦，就不能仅从孕妇自己的生活入手，而要考虑它有没有可能是胎梦，是不是在提醒孕妇胎儿的生存环境脏了。如果是的话，就需要赶紧到医院检查一下。

又如，胎儿脐带绕颈，伤害和威胁到他的生命，孕妇可能会梦见一条大蛇把人缠住，或是有绳子把人捆起来，非常不舒服。如果做了这类梦，建议孕妇及时去医院检查，以免胎儿遇到危险。

　　总体讲，孕妇做的梦是胎梦还是普通的梦，孕妇自己一般能区分出来。我曾和一些孕妇交流过，了解到她们在孕期，尤其在孕晚期，特别容易记住某些梦，并对它们有不同的感觉。这些梦往往是胎梦，用来传达胎儿的信息。

死亡梦：梦能预知亲人去世吗

　　生与死是人生中最重要的两件事，当我们在现实生活中遇到和死亡主题有关的事时，梦中经常会有一些反应。学会识别和死亡主题有关的梦，对生活是有意义的。一种最直接的价值是，当某个死亡梦被准确地解出后，我们会从中得到一些暗示或指引，做更充分的准备。比如某个梦告诉我们，远在家乡的爷爷奶奶将要去世，此时我们至少可以赶到他们身边，和他们做最后告别，让内心少一些遗憾。

　　不过这类梦是很少直白地表达死亡的。我们很少直接梦到一个人濒临死亡或是已经死去，在梦中出现一些象征死亡的事物倒是比较常见。

　　那么，梦见什么事物可能和死亡有关呢？

古人有种说法是"生者为过客，死者为归人"，意思是即将离世的人要离开大家，回归到自己的世界中。所以，死亡在梦中比较典型的象征是，即将离世的人正在或已经离开，特别是坐着某种交通工具离开，这种交通工具大多是车。

如果我们梦见某位亲朋好友坐着车走了，就要留意一下对方坐的是什么车，车上有什么人，会不会有"死亡之车"的特点。"死亡之车"的特点具体如下。

第一，车往往是黑色的，黑色经常和死亡联系在一起，会让人想到黑夜，而黑夜会让人想到死亡，所以坐着黑色的车走，就有可能和死亡有关。

第二，车上常常会有司机，司机是来接人的，有时车上还有其他乘客。

第三，车能容纳许多人而不是一个人，比如可能是辆公交车或是小巴车之类的，当然也有可能是带车厢的复古马车。

死亡在梦中还有一种象征性的反映，是做梦者梦见即将离世的人跟自己告别。这种梦境，也可能是我们前文提到的共情现象，也就是说，如果将要离世的人在心里惦记着做梦者，彼此心心相印，做梦者就可能会梦见这个人来和自己告别。

梦中告别的场景很有意思：即将离世的人来跟做梦者告别，

但是他并不会和做梦者说自己要离开，而是什么也不说，只是一直站在做梦者面前，做梦者心里知道对方将要离开，或者说知道他正在告别，只是没有语言交流。

为什么会这样呢？这也和死亡的象征有关。因为人活着时会说话，死后则是沉默的。如果我们梦到的这个人一直沉默不语，用一种特别的眼神在看着我们，并且在衣着上有一些特别之处，比如穿了一身黑衣或是一件像寿衣的衣服，那么在这些信息的相互印证中，我们基本就可以判断这个梦在表达死亡。

在做梦者的梦中或即将离世的人的梦中，会出现某些来带后者走或接后者走的人物，可能是一个穿黑衣或白衣的人，也可能是两个人，分别穿着黑衣和白衣。梦见这类人，也是和死亡有关的象征。有的人会梦见家中已故的长辈来接自己走，从象征意义上来说，已故的人本身就可以作为死亡的象征，所以故去的人来接，可以看作即将走向死亡。

需要留意的是，这种梦境的气氛不见得很沉重，甚至有时气氛还不错。比如有些老年夫妻中的一方已经故去，另一方还活着，当活着的一方濒临死亡时，也可能会梦见另一方来接自己。此时的气氛一般会比较好，好像夫妻终于要团聚了，并不会很悲伤和沉重。这也是死亡的象征。

即将离世的人梦见自己，或亲人、周边的朋友梦见他跨过一条河流到一个陌生的地方，这也是常见的和死亡有关的象征。梦中跨过的河，往往象征着冥河。即使是没有听过与冥河有关故事或神话的人，也可能在梦境中出现这个象征，因为它是人类集体潜意识中早已存在的一种象征形式。除了梦到冥河之外，也有些即将离世的人或他们身边的人会梦到另一个陌生的城市，或是进入一个山洞，等等，这些都可能是死亡的象征。

有些死亡象征的外表是很好看的。比如某些得了严重疾病如癌症的人，进入濒危状态、要走向死亡时，往往会梦见自己的病完全好了，肿瘤消失了，自己又恢复了健康舒服的状态。此时他们会很开心，但实际上这可能象征着死亡，因为死亡也是一种摆脱病痛的方式。

有些人会梦见花开了，比如肿瘤病人梦见肿瘤上开了很多鲜艳的花朵，一片片的。在有些人的梦中，这些花朵又被风吹走了，像蒲公英一样散向四面八方。有些人会梦见疾病变成许多鸟或昆虫，特别是梦到蝴蝶，蝴蝶经常跟死亡象征有关，比如梁山伯与祝英台化成蝴蝶飞走了，看起来好像很美丽，但也有可能象征着死亡。

有些人会梦见结婚，这是比较富于哲理性的。结婚是一个人生活状态的转变，死亡是精神状态的转变。虽然人们都害怕死亡，但我们是否认真想过，死亡真的那么可怕吗？也许在某些人眼中，它就像结婚一样，未必那么可怕。

庄子曾举过一个例子，说有个女人，被家人嫁到另一个诸侯国去和亲，她一开始很害怕不想去，哭得很厉害，但是嫁过去后，生活其实很幸福。所以庄子说，人类贪生怕死，但是谁知道呢，也许死亡未必那么可怕，也许就像那个嫁过去的女人的生活一样，也有许多我们不能预见的部分。

当然，这个观点在这里我们不予讨论，但是确实有些濒临死亡的人会梦到像结婚一样的场景，花团锦簇、热热闹闹，感觉很美好，只不过他们结婚的对象是死亡。

需要注意的是，上述与死亡有关的梦都是经验性的，我们在解梦时不能生搬硬套。如果我们听到某人梦到了上述情境，就认为他或者他身边的人十有八九要死了，这种解释是草率和靠不住的。

上述的每一个梦境单独出现时，都可能有别的解释，比如梦到某人坐车离开，也可能是因为做梦者或者他身边的人要远行；梦见结婚，也许是身边的人真的要结婚。每一个梦，都有许多种可能性，我们一定要慎重地判断，不要轻易得出死亡的结论。

人生一大梦：潜意识在生活中的表达

前面提到了各种类型的梦，下面来讲一讲"人生如梦"。

在东方传统文化中，无论是中国本土的道家思想还是发源于古印度的佛家思想，都有"人生如梦"的说法。从表面上看，这种说法好像不对，因为大家通常的看法是，醒着时是真实的人生，睡着后才是梦境生活，既然我们在醒着时看到的东西是真实存在的，而梦中的东西是幻想出来的，人生和梦，两者自然不可一概而论，但是为何先哲们又讲"人生如梦"呢？

究其原因，这些哲人并不是说人生就是睡梦，而是说，人生其实和睡梦无所分别。这种说法背后的思想和现代心理学思想是一致的。它是在告诉我们，每个人眼中的世界并不是客观的，而是主观的，同一个世界，用不同的信念和不同的方式去看，所看到的内容不同。

《红楼梦》中，林黛玉起初认为薛宝钗藏奸，心怀诡计，她就会常常看到薛宝钗狡猾有心机的行为，但是后来她跟薛宝钗的关系变好，两个人成为闺蜜后，哪怕薛宝钗仍旧用同样的做事方式，在林黛玉眼中，她也变成了一位好姐姐。

所以实际上，世界只有一个世界，但每个人眼中的世界却完全不同。对于每个人来说，眼中看到的这个与别人不同的世界，不正是自己的一场梦吗？一个从"宫斗"的角度看世界的人，会认为世界处处充满"宫斗"；一个从励志角度看世界的人，会认为世界到处充满励志；一个用灰暗抑郁的眼光看世界的人，就会认为整个世界是黯淡无光的。

也许，每个人都觉得自己看到的世界是真实的，但其实没有一个世界是真正的真实，即佛家讲的"实相"。我们所认知的世界，是通过自己的感觉和信念系统加工过滤而成的，世上有多少人就会有多少种版本的加工和呈现，所以这些不同的世界并不是"实相"。相对于"实相"来说，它们与梦无异，这就是"人生如梦"这句话的含义。

既然"人生如梦"，那么解梦的方法就不仅仅是用来解释睡梦的，也可以把我们白天生活中所经历的事看作梦，对它们进行分析。

比如，我们可以这样问自己："如果这件事是一个象征的话，它可能象征着什么？代表什么意义？"有意思的是，如果我们这么做了，就会发现生活中发生的许多事，可以被看作梦中的象征，能用解梦的方法来解读。

我们还会发现一种有趣的现象，就是在某些特定时刻，会发生一些很有代表性的事，它们就像梦中的特别情节一样，表达着一些特殊的意义。

多年前，有位母亲非常希望自己的孩子学习成绩好，能考上一流的大学。她很努力地督促孩子学习，不让孩子做任何分心的事。"功夫不负有心人"，她的孩子终于考上了清华大学。但是这个孩子到了大学之后，干了一件很特别的事——他想试验一下动物园的熊对硫酸的反应，把硫酸倒在了动物园的熊的嘴里。

显然，这是很有破坏性和伤害性的行为。从现实角度来看，这件事非常奇怪。一个能考上清华大学的优秀学生，怎么可能不知道硫酸倒在熊的嘴里有多大的伤害性，以及他本人可能要承担的后果呢？从道理上说不通，但是如果把这件事当成一个梦来分析，我们就会发现其中的原因。

首先我们要看一下熊象征着什么。熊有很多象征意义，其中的一个象征意义是母亲。熊的体型很像中年妇女，皮毛柔软而有温暖感，比较像母亲。它发起脾气来，一巴掌拍下来的厉害劲儿像很凶的母亲，所以在梦中，熊经常被当作母亲的象征。

或许这个学生并不知道熊在梦中是象征母亲的，他选择对熊泼硫酸，而不是对别的动物泼硫酸，是为什么呢？

当我们把这件事当成一个梦来看时，就会发现，他对熊泼硫酸，可以解释为向母亲发泄他积攒多年的愤怒情绪或极大怨气。虽然他考上了数一数二的大学，但是多年来，母亲一味施压，只关心分数，对他比较冷漠，不关心他的情绪，所以他会对熊很冷漠，不关心熊的痛苦，不能感同身受熊的难受，于是做了这件事。这是这种行为里出现的模式。

其实，很多人的人生都可以用解梦的方式来解释，我们会发现他们生活中的很多事件都是象征，都有着各自的意义，而这些象征意义和他们的情绪、情感、生活以及人生是密不可分的。

尤其是一些极端情况，比如自杀事件的发生。我们发现自杀者在选择自杀方式时，也有其象征意义。比如一名考上一流学府的学生，在进入新学校后，发现自己失去了曾经的优越感，内心有了巨大反差和失落感，有了自杀的想法，很可能会选择跳楼。为什么呢？因为高高的楼和低低的地面之间形成巨大反差，这种反差正是他当时心理反差的最好象征。

而如果一个人觉得这个世界太危险了，希望重新回到母亲的子宫中，可能会选择投湖的方式自杀，因为湖水的象征意义之一是子宫中的羊水。

还有就是疾病。一个人得哪种病，固然有一些与生理有关的原因，比如空气不好、环境不好、食物不好等，但同时我们也应看到，疾病和心理因素是密不可分的。

现代人得癌症的很多，癌症是什么呢？如果从心理学角度来解读，癌症就是某些"自私"细胞的过度繁殖。人体内每种细胞都应该对身体有所贡献，并且要和其他细胞一起维持着平衡状态，但是癌细胞不同，它们肆意掠夺、大量繁殖，给身体造成了伤害。

如果从解梦的角度来分析癌细胞的象征意义，又是什么呢？癌细胞象征的是那些不劳而获、拥有巨额财富、穷奢极欲的人。这些人多数会过度地追求物质满足，而没有精神追求，对社会和他人没有太多贡献。社会中有很多人得了癌症，我们可以把它看作一种梦境的象征，象征着我们对消费主义、物质主义的崇尚已成为问题。甚至在某些环保主义者眼中，许多人已成为"地球之癌"，他们没为地球的生态圈带来贡献，反而造成了无可估量的破坏。

　　人生正是一场大梦。一旦我们学会如何分析这场大梦，就可以得到一些关于人生的启示，从而改善它，使它更健康，甚至可以避免一些灾难；尽可能借助梦给的提醒，在生活中做出更好的选择，从而使生活更美好一些。

成为
？
自己
？
的
？
解梦师

第五章

解梦疑问解答

解梦20问

1

*

问：询问做梦者对梦的感觉时，对方回答："没什么感觉，这只是个梦而已，和自己的生活没什么关系。"遇到这种情况该怎么办？

答：事实上，没有任何一个梦是和做梦者本人没有关系的。因为如果一个人的潜意识认为这件事和自己没有关系，就不会做这个梦。既然梦到了，就说明一定和做梦者的生活有关，只是这种关系还没有被发现。

有趣的是，是什么原因让做梦者感到没有关系呢？有两种可能：一是，这是一个无关紧要的梦，所以做梦者对它的感受很弱、不明显，感觉不到有什么重要内容；另一种可能性更为常见，就是做梦者在无意识中启动了"隔离"的心理防御机制，也就是说，他无法接受自己内心的真实情绪，就把情绪隔离开来。

如果在解梦中遇到这种情况，并且我们本身并不是心理咨询师时，就不必非解不可。对方没有感受就没有感受好了，可以尊重他。当然，如果我们想试着解一下这个梦，也是有办法的。首先，可以分析梦的意象和结构，对梦的含义做出初步推测。然后，把推测的结果告诉做梦者。如果这个结果接近他的梦所要表达的真正内容，他可能会产生一些感受。

所以，解梦并不需要做梦者一开始就有感受，也可以在解梦过程中逐渐产生感受。如果这么做，做梦者还没有进一步的感受传达出来，就可以考虑放弃解这个梦。我们不必强求每个梦都被解开，这是没有意义的。因为解梦的终极目的是让做梦者受到启发和产生领悟，除了解梦这种方式外，还有其他方式可以达到这种效果。如果我们强求把每个梦都解开，很有可能不是做梦者的需要，而是我们解梦者的需要。

2

*

问： 一般来说，能被记住的大梦，有些有明显的意象，有些有明显的感觉，但是有的梦既没意象也没感觉，却一直被记得，请问这种梦也算是大梦吗？

答： 我们可能误解了"意象"这个词的含义。实际上，梦中不可能没有意象，因为梦本身就是意象，梦中的一切情境，都可以称作意象。一个没有意象的梦就像是一首没有声音的乐曲，是不可能存在的。也许"意象"这个词对于做梦者来说，有另外的含义。

如果一个看似无意象无感觉的梦，却让做梦者长时间地记着，总是忘不掉，说明这个梦对他来说，一定有着某种重要的意义，也许能反映出生活中的一些情况，甚至与整个人生相关的部分。花一些时间把梦的意义搞清楚，是有价值的。

3

*

问： 如果做梦者本人对意象的感觉或理解和一般人不同，是否应该相信做梦者自己的解释？还是认为做梦者的说法可能是防御？怎样识别这一点？

答：我观察到的情况是，当一位做梦者内心有防御时，他的表现多是拒绝对意象进行分析的。也就是说，当解梦者提出他的梦象征着什么时，做梦者多数会直接反驳，说"不对，我认为不是这么回事"等。

一般来说，做梦者听完解梦者的解释后，并不会马上给出一个对意象的解释或一种新的感受。换句话说，如果是防御的话，他只是急于否定解梦者给出的解释，并不会有不同的说法。比如有位学精神分析的解梦师，在一个人的梦中发现了俄狄浦斯情结并解释出来，做梦者听完后马上反驳说不对，说他虽然还不知道俄狄浦斯情结是什么意思，但解释不对。这种情况往往就是防御的表现。

但是，如果做梦者可以给出不同的感受或是不同的解释，梦中的意象在他的解释中呈现出不同的意义，那么在多数情况下，他的解释是有意义的，因为梦或多或少都是做梦者内心某个部分的真实反应。我们千万不要把做梦者不同于普遍情况的回答或说法，轻易地看成防御或阻抗，而应该相信做梦者的感受。

还要重复强调的是，梦从来不是只有单一的意义，而是有很多种解释。做梦者本人对意象的解释和解梦者的解释，二者之间并不是孰是孰非的问题，而可能是同一个问题的两个侧面或两种诠释。并且，只要做梦者自己对意象的感受，或是对意象的意义有了新发现，即使不完全贴近真相，也是有一定真实性的。所以，我们对做梦者自己给出的解释要加以关注。

另外需要提醒大家的是，即使有些做梦者试图防御，给解梦者以欺骗性的解释来掩盖自己内心的真实感受，在他们的防御性解释中，也会反映出某种程度的真实。这正是梦非常有趣的地方。

古代，某个地方有个很善于解梦的人，另一个人为了考考他，胡编了一个梦，说自己梦见一只用来祭祀的刍狗。解梦者听完后说，"这说明你可能有好吃的东西吃了。"果然，他很快就有了一次到宴席上好吃好喝的机会。他后来又胡说了一个梦，解梦者又给了他一个解释。就这样，连续几次都解释得很准确。他很奇怪，"我明明是胡说八道，根本没做这些梦，为什么解释得很对呢？"其实这并不奇怪。潜意识的一个原理是不说假话，即便我们在意识中编假话，潜意识也会在假话中藏有一定的真话。

建议大家在解梦时，不要急于辨别做梦者的话是真还是假，可以继续往下解。每个梦都是一个整体，里面有很多不同的部分，我们即使在一开始时弄不清真假，只要沿着某条路往下解，真相会慢慢呈现出来的。

4

*

问： 如果我做了一个梦，梦中感觉自己很疲惫，那么梦是提醒我要注意休息，还是告诉我不要为自己的不思进取找借口？

答： 我能够从这个问题中感受到提问者对不思进取的一种排斥，希望自己能够更有进取心。这点没有错，有它的价值，但是我想说的是，一般来说，梦是比清醒意识更诚实的。梦是原始认知的产物，而原始认知比清醒意识层面的逻辑思维更知道什么是真的。如果梦中觉着自己累了，那可能是真的累了。

那么，梦会不会用来给人找借口？当然会，这也是梦的功能之一。比如，我们想去跟一个人打架时，可能会梦见那个人有这样那样令人生厌的地方，从而给自己提供一个理由，让自己在醒了之后跟对方打架时，没有内疚感。

同样地，这样的梦也可能给做梦者提供了一个理由，让他可以犯懒。但在多数情况下，梦中找理由犯懒，恰恰是因为做梦者的确需要休息了。一般来说，梦中饿了，是真饿了，梦中渴了，也是真渴了。梦中想上厕所，在现实中可能正处于憋尿需要上厕所的状态。

我的建议是，在大多数时候，我们不该把它定义为"给不思进取找借口"，而是在提醒做梦者需要暂时放下进取心，好好休息一下。当然，如果出于现实的需要，虽然我们真的疲劳了，但还要再加把劲儿，继续干下去，这种需求在一些特殊情况下是有的，此时我们也可以选择拒绝梦的建议。拒绝梦的建议偶尔可以，但不建议长期如此，不然身体可能受不了。一般来说，梦给出的建议多数是为了我们好。

5

*

问：我做的多数梦是黑白或灰色的，也有少数是彩色的。请问彩色梦中的不同色彩对于梦本身的价值和意义有什么影响？

答：说到这个问题，让我想起自己刚开始解梦时，曾听过一位国内专家的讲座，他当时说"梦都是黑、白、灰的，没有彩色的"。我听了觉得很好笑，反驳他说"不是这样的，梦有彩色的"，因为的确有不少人做过彩色的梦。

彩色的梦有两类，一类是单彩色，也就是说，梦中的多数情境是黑、白、灰色，间中出现了一种颜色。另一类是全彩色，就像我们白天看到的事物一样，什么颜色都有，五彩缤纷。

相对于黑、白、灰色的梦来说，彩色的梦出现的频率比较低。为什么？从生理因素上有一种解释是，梦实际是一种原始的功能，在人类还处于原始阶段时，彩色视觉是不发达的，感知不到彩色。从另一个角度来说，梦实际是为了表达意义，是一种思考过程。如果不需要彩色就能够把想表达的意义表达出来，完成思考的过程，就不需要做彩色的梦了。

我们的梦偶尔会出现单彩色，这是有意义的。比如，有人梦见鲜血，如果血迹是黑白色的，视觉上没什么冲击力，但如果是红色的，就会带来很明显的感觉。我们就可以分析一下红色或红色的血有什么意义，也许它代表着一种强烈的激情，也许象征恐惧等。

还有一种比较少见的梦，是全彩色的。出现这种梦，主要有几种可能。一是做梦者在性格上偏向艺术家气质，这类气质的人做彩色梦的可能性比较大。二是做梦者有"表演性人格"特征，也就是特别外向、有点人来疯、很想表现自己的性格，这种性格的人做全彩色的梦的可能性也比较大。三是做梦者心情特别好，心中充满阳光，也容易做彩色的梦。

6

*

问：你曾说过，"解梦的时候，先让做梦者放松下来，尽可能细致地讲出自己的梦"，但是如果做梦者对梦的回忆很模糊、不够清晰，怎么办？

答：尽可能地清晰，能做到什么程度就是什么程度。

有些人在不了解梦是怎么回事时，会对自己的梦有高度简化的概括，比如"我昨天做梦，梦见一只狗，这代表什么"。这时解梦者可以要求他们把能回忆起来的情节尽量讲出来，并告诉他们只有那些有前因后果的、比较有细节的梦，才能更准确地解读。

如果做梦者对梦的回忆实在不够完整，怎么办呢？我们也可以接受这种不完整性，通过不够完整的信息做出一定的解释。这就像是我们捡到一本书，中间缺了两页，怎么办？缺两页就缺两页好了，虽然会为我们理解整本书增加一些难度，但也不是完全不能理解。

如果做梦者对梦中意象的回忆很模糊，一般有两种可能性。一是梦中出现的意象本身比较模糊，不像看电视那样清晰，比如做梦者回忆说，"我梦见我爸了，但看不清他的脸"，做梦者知道这个角色是谁，这种模糊对解梦的影响就比较小。二是做梦者对某些情节的回忆是模糊的，很不清晰。这种模糊本身是有意义的，它象征着做梦者对某些事看不清楚，在潜意识中没有把握，才会用一个模糊的意象来象征。所以我们需要辨别梦中的模糊到底是哪一种表现形式。

7

*

问：替别人解梦时，触动了自己内心的一些伤痛，该怎么办？

答：如果我们心中有没被处理好的情结或伤痛，只要发生了一些和它们有关的、相似的情境，就容易被触及。该怎么办呢？如果想彻底地解决它们，就要告诉自己：既然有机会让我看到自己的伤痛，看到伤痛会在哪些情况下被激发，就要想办法去处理。

比较好的方式之一是做心理咨询，在咨询师的帮助下把心结解开。心结解开后，再碰到类似情况就不那么容易被引发伤痛了。这就好像是胳膊上有个伤口，一碰就疼，最好的方法就是先把伤口养好。当然，如果伤痛并不是那么影响生活，同时我们也不具备时间或相应的处理条件，或是觉得没多大必要解决它，在这种情况下，我们不去处理它就好。

8

*

问：如果说，梦中的每个意象和人物都是自己内心的一部分，都有各自的需要，那么哪一个才是自己真正的需要？哪个更重要？

答：我认为都是真正的需要。关于区分哪个需要是更重要的，我的回答是，如果我们没有办法区分出哪个是最重要的，就把它们都当成重要的来对待。

人类的逻辑思维是线性思维，总倾向于沿着一条线去思考，所以总想把一切事情都进行简化，用统一的标准来评定出最重要、次重要的关系。这就像是几个人同时在一条跑道上跑步，谁跑在最前面，谁跑在最后面，一定要分出先后顺序，这是逻辑思维处理问题的方式，但是原始认知不是这样的。

原始认知并不会把不同的需要分出轻重，这就好像吃饭、喝水、呼吸，大家认为哪个是最重要的，哪个不那么重要呢？如果回答是其中一个最重要，那另外两个就不是最重要的吗？显然不是，因为它们都是最基本而重要的需要，并没有轻重差别。

除非是在某些特殊情境中，才会有重要度的差别，比如在沙漠中不会缺空气，却很缺水，此时水是最重要的；在高原上，呼吸很困难时，空气是最重要的。但是在多数情况下，并不存在如此特殊的情境，也就没必要区分哪个是最重要的，哪个是次重要的。

在梦中也是如此。我们不仅不需要排列重要程度的顺序，而且要尽可能多地理解梦中的每个意象，理解梦中每个人物的需要，解梦才能更贴近真相。

9

*

问：梦可以有不同的解释，不同的解释角度都能说得通，那么究竟哪个才是最优解？如何找到最优解？

答：梦中的原始思维跟逻辑思维是不一样的。"最优解"可能在逻辑思维中经常遇到。因为在逻辑思维中，一个问题是有最优解的，但在原始认知层面，认识世界时并没有所谓的最优解。因为"最优"需要唯一的尺度来衡量，但原始认知所面临的人生问题，并非都在同一尺度下，它更多反映的是一件事在不同角度下的不同样子。

比如，一个人梦见了一个紧张的场景，它可能代表工作中的紧张和压力，也可能象征家庭中的紧张和压力，还可能代表做梦者某种容易紧张的性格，等等。究竟哪个才是最优解呢？无法回答。因为它们根本不在同一个维度上，就像双关图形，几个回答是平等的。而所谓的最优解，完全取决于做梦者自己从哪个角度去解读，或是哪种解读在当下对他最有启发和参考价值。

我们的人生，并不是一场体育竞赛，所以并不需要总是找到最好的答案。也许当下这一刻，我们没得到最有启发的答案，但会因为一点微小的启发，而让人生得到一点改善，过一段时间后，也许会遇到另一个更有启发的答案，使我们的生活变得更好一些。不断地寻找和收获，这就是成长的过程。

10

*

问：我发现自己能记下来的梦，98% 是在早晨将醒未醒的时间段做的，很少能记住那些在深夜时做的梦。请问，早晨的梦和深夜的梦有什么区别？

答：我们的睡眠深度，在刚入睡、深夜和清晨时是不一样的。越接近清晨，睡眠会变得越浅，但是睡眠周期的时间会变得越长。换句话说，深夜做的梦，如果和早晨将醒时做的梦相比，一般比较短，而梦的内容思维跨度更大，更玄幻奇异，更缺少清醒时所能理解的逻辑性。

深夜做的梦，常常会出现上天入地的奇幻内容，而清晨做的梦则多是上班迟到、买早餐等更贴近现实的内容。清晨做的梦相对来说更长，歧义性比较弱，跟清醒时的思维差距更小，也更容易记下来。从象征意义上来说，它们遵循着相近的规律。

如果我们学习解梦，开始时可以先解清晨或睡眠后期的梦，这些梦相对来说容易解出来。随着解梦案例的积累，以及解梦能力和经验的提升，再尝试着去解那些深夜做的更言简意赅的梦会更好一些。

11

*

问：梦见故去的人或故去的亲人和自己说话，这是怎么回事？

答：我相信提出这个问题的人心中有一个假设——故去亲人的灵魂通过托梦的方式跟我们进行沟通，可能又觉得这种想法有些迷信，所以内心有点矛盾。

对于一些超自然的现象，我并不会完全否认，而是持开放的态度。所以，如果你相信这是祖先灵魂在托梦传话，我也不会采取批判的态度。从心理学角度来解读，梦中的形象很少代表这个形象本身。也就是说，如果我们梦到一个苹果往往不代表苹果，可能象征着一种感情，一种收成，或者别的东西。

同样，梦见的祖先可能也是一种象征，比如象征做梦者的一位领导或长辈，象征做梦者自己的"超我"——也就是内心的道德规范，或象征做梦者内心深处的古老部分给我们的经验和智慧等，都是有可能的。

在中国传统文化中，特别强调对祖先的祭祀，与其说被祭祀的祖先代表我们个人的祖先，不如说它们代表的是一些多年传承下来的、根深蒂固的传统。在梦中出现的祖先、长辈或者已经过世的人，有可能象征我们内心的一种传统而智慧的思想，他们和我们的对话，往往是一种宝贵的提醒，对我们很有价值。

12

*

问：以前我比较容易记住自己的梦，早晨醒来以后会记住梦的内容，甚至还可以分析自己的梦，从中得出很多对自己潜意识的认识。但自从学了"意象对话"后，梦好像变少了，或者说，即使梦没少，我也记不住了。这是什么原因？

答：你可能有一种猜想——因为有了"意象对话"这样的方法，多了一个让潜意识和意识进行沟通的渠道，以至于潜意识中的自我认为不再需要记住那么多梦了。

这种猜想有时是成立的。也就是说，如果通过"意象对话"，潜意识和我们的意识能更好地沟通，可能就不再需要那么多的梦了，但不是所有人都会这样。也有一些人学了"意象对话"之后，可以让潜意识通过"意象对话"的方式跟意识沟通，但是他们在潜意识中，还是希望保留梦这种方式。

不管是梦还是"意象对话"，或是其他方式，它们都是工具而已，都是为了帮我们了解自己的潜意识。

13

*

问： 在梦中，可以意识到自己在做梦但没有醒，并且抱着想知道后面会发生什么的心态继续做梦，请问这种梦有什么意义呢？

答： 在梦中知道自己在做梦，但是没有醒，我们会把这种梦叫作"清明梦"。

清明梦，指我们知道自己在做梦。当我们做清明梦时，是可以对这个梦做一些有意识的干预的。我们可以抱着"想知道后面会发生什么"的心态继续做梦，一边做梦一边观察自己的梦，甚至可以在梦里做一些特别的事。比如蹦极，反正也摔不坏，不如去体验一下，或是做一些其他的事，这些都是可以在清明梦中实现的。

对一般人来说，除非经过一些特殊训练，否则很难做清明梦，我曾专门花了一段时间来训练自己做清明梦。如果能做清明梦，应该庆幸。

那么，我们该怎样利用清明梦来做一些对自己有益的事呢？这就需要有一些心理学知识了，比如我们至少需要知道把清明梦改成什么样子，才会对自己的心理健康更有益。这不是轻易能做到的，需要我们知道在梦里做的这件事对自己而言意味着什么，然后才能知道它对我们的心理健康是不是有好处。

另外，我们在清明梦中时，可以尽量让自己做那些对自己，以及梦中其他人、其他事都有益无害的事。比如，梦中遇到比较脏和丑的环境，我们可以尽量在想象中把它打扫干净，把环境变得更好一点。如果梦中遇到荒漠，可以在想象中种树、引水等，做这样有益的事，一般来说都会对我们的心理状态有好处。

"意象对话"心理治疗法，和上述这些在清明梦中进行自我调节的方式有些类似。我们同样可以通过"意象对话"里的若干原则，做一些更好、更积极，对心理健康有帮助的想象，通过想象让心理状态变得更好。对"意象对话"感兴趣的朋友，可以阅读相关书籍进一步了解。

14

*

问：有一段时间，生活压力比较大，常做被追赶、打斗等比较消极的梦，但是有天晚上梦到和一位小姐姐聊天，虽然不记得聊天的具体内容，但是觉得很受启发，醒来后觉得内心舒服了很多。请问这是怎么回事？是潜意识来安慰自己吗？

答：潜意识不仅会安慰你，而且会帮助你。它不仅能让你觉得心里舒服一些，还会真的送给你一些有启发、能帮你把事情想清楚的建议。

如果从荣格心理学体系来看，梦中的小姐姐很可能是荣格称作"阿尼玛"的一个原始意象，代表我们潜意识中很有智慧、有一定超越性的部分。所以，要珍惜梦中小姐姐给你带来的启发。如果你能记得小姐姐讲的那些话，最好在醒着时多回忆体会，看看这些话能否给你一些关于现实生活的启发，不要浪费了她的心意。当然，要是记不起她说的话，也没关系，既然你当时感觉很好，觉得很多地方想通了，说明她对你的影响还在。

不过，梦中的人物给我们讲的并非都是对的，要对内容有所区分。

15

*

问：每次有一些情绪时，就会觉得犯困，忍不住睡着了，睡醒后不记得做了什么梦，但是感觉身上暖洋洋的，舒服很多。请问这是一种情绪逃避还是情绪释放呢？

答：我估计这里所指的情绪是一些负向的情绪。如果梦醒之后，身体的感觉是暖洋洋的、舒适的，估计做的梦是积极有益的。如果是消极的梦，醒来后的身体感受会更加麻木，更没有感觉，而不是暖洋洋和舒适的。

有些人可能会羡慕你，当你心情不好时，潜意识能通过梦境帮你化解这些消极情绪，让你的状态变得更好一些，这是很幸福的。更进一步说，如果你能记住当时做的梦，了解在梦中是怎样让你的情绪变得更积极的，就更好了。

16

*

问：我觉得解梦很有趣，对自己很有帮助，但家人、朋友都不相信，也不愿意接受解梦，该怎么做？

答：不用做什么，别人不相信就不用相信，不愿意做就不做好了，何必非要去改变他们？你的心情可以理解，就是自己觉得一个东西很好，希望把它介绍给身边的人，希望他们也能够尝试和获益，这是一种爱心的体现。

但从另一个角度来说，每个人都是不一样的，人和人的口味、喜好也是不同的。比如，你可能很爱吃辣椒，也许另一个人不爱吃辣椒，让他吃辣椒，他会很苦恼，你何必非要让他一起去吃呢？

如果我们特别希望改变自己，这是可以理解而且很有益的想法。但是如果我们特别希望改变别人，即使出于善意，有时也可能适得其反。一个人是否喜欢解梦并不重要，就算不喜欢解梦，如果这个人善于反思，也照样可以在生活中学到很多东西，活得很幸福。

17
*

问：做梦时，我经常会把现实生活中的一些事物带进梦里，该怎么做才能不带入呢？

答：这个没有办法。所谓"日有所思，夜有所梦"，我们在梦中所思考的问题就是白天所遇到的问题，所以没有必要消除这种现象，同时也没有办法消除。并且恰恰是因为它们被带进梦中，我们才能对它们进行一些潜意识层面的思考，这些思考会给我们带来一些新的启发。

18
*

问：梦中的人物都是我们的子人格。但是我却看到梦中的某些人物，就是我们现实中的人，而且当我把他理解成现实中的那个人去解梦时，也完全解得通。请问这是怎么回事？

　　答：这点不奇怪，因为我们清醒时的理性思维往往认为一个东西就是它本身，而不是其他事物。而在梦中，一个人既可以象征自己的一个子人格，也可以代表现实中存在的某一个人，甚至代表现实中的那个人，各种情况都有可能。所以解梦的关键不在于梦中人究竟代表谁，而是这个梦反映了什么，启发了我们什么。

　　提示一下，出现在梦中的人物，即使形象是别人，往往也可能代表自己的子人格，或者自己心里的一部分。明白这一点，可以让我们更多地反求诸己，在遇到问题时切莫责怪他人，而应先反过来从自己身上找出症结并努力改善。很多时候，其他人做了一些事，从表面上看也许是对方的事，但常常和我们内心的某些心理活动是里应外合的。

19

*

　　问：梦到自己在城市中，周围都是高楼林立，还有一些灌木丛。我和一些行人匆匆忙忙地穿行于灌木丛中。请问这里的灌木丛象征着什么？

　　答：一个意象象征着什么，固然有一定的倾向性，但不是绝对的，要从整个梦境的前后背景分析，所以我不愿轻易地说灌木丛象征着什么。好在这个梦还有一点前后背景，它不是森林里的灌木丛，也不是草地上的灌木丛，而是城市的高楼大厦之间的灌木丛。那么，我就会对这种灌木丛的意义有一些猜想。

大家可以想象一下，高楼林立，在高楼旁有一些灌木丛，自己和行人在里面匆匆穿行，心情怎样呢？在我的感觉中，这种氛围并不是很舒适，像一种天天在匆匆忙忙中做一些自己觉得不太重要的工作，觉得自己比较渺小、普通的心理状态。做梦的人，用灌木丛和高楼相比，有一种自卑和渺小感。

然而，从另一个角度来看这个梦，高楼虽然高大，但它们没有生命。灌木丛虽然矮小，但它们是有生命的，是不断生长的。所以我把那些高楼看作一些机构和组织，让我们有仰望的感觉，认为它们的力量很强大，和它们相比，我们是很渺小的。但是如果反过来想，我们才是鲜活的生命，这样就不会那么自卑了。

20

*

问：通过解梦，我已经知道现在生活中的一些担心和恐惧，是由小时候经历的一些人和事导致的。那么，下一步该怎么办呢？

答：下一步需要心理成长。

什么叫心理成长？当我们有了比较严重的心理问题时进行心理治疗，或者有比较轻微的心理问题时进行心理咨询，或者即便心理健康，遇到困惑时采取的内在提升方式，都可以称为心理成长。

如果有机会的话，你可以参与一些心理成长小组来帮助自己完成心理成长。在很多城市中，都有我们"意象对话"的成长小组，其他心理学流派也有类似小组，可以去尝试一下。

如果暂时实现不了也没关系。你已经知道自己问题的根源，再遇到这种情绪时，至少可以告诉自己：我现在会有这样一种恐惧，实际是童年事件带来的结果。当你这样告诉自己时，这种恐惧和担忧就会轻一些，或者说好应付一些，这对你是有帮助的。

跋　我们还有梦

AI 奔涌而来，迅速让智力更新换代。天赋奇才加上十年苦练的围棋国手，与 AI 对战纷纷落败。挟战胜之威，AI 不久可能蔓延到各个领域。

以后，律师可以是机器人；医生可以是机器人；司机可以是机器人；会计就更不用说了，这种计算工作，人怎么可能和计算机相比。

幸而，在我看到一个"哪些工作不能被 AI 替代？"的帖子时，我发现在一百种职业中，心理咨询师居于"难以被 AI 替代的工作"的第二位。

心理学是不是完全不能被 AI 替代呢？我认为也不是，比如目前非常重要的"心理统计学"妥妥地会很容易被替代。"实验心理学"也不难被替代——神保佑我不要成为 AI 的实验品。即使是心理咨询，有些流派的心理咨询因为有严格的步骤和方法，也会轻易被 AI

替代和超越。

不能或至少非常难于被替代的，一定是"深层心理学"，也就是涉及人的潜意识生活的心理学。

人能想的，AI 都能想，但人能感受或想象的，AI 感受不到也有一些想象不了。

人能做的工作，AI 能做，但是人的心灵生活，AI 不可能有。

人有梦，AI 没有梦。

说到底 AI 不是人，所以他们没有灵魂，也就没有人的丰富的内心生活。它们不论多么能干，都没有什么"意义"。

就算在 AI 还没有一统天下的今天，其实有些人已经活得如同 AI 了，只不过是能挣钱，但生活只是为了成功、发财和往上爬，这也已经是一个机器人了，只不过版本低、运行速度慢，而且计算错误多。

我们既然是人，就应该过人的生活。什么是人的生活，是有梦想、有精神、有性情、有趣味、有创造力的生活。

梦，是有一定规律的，所以是可解的。但是梦并非是完全"规则的"，而是可以双关、多关灵活解读的，所以不能用电脑来精确破译。梦是心灵的创造，是在一定规则中的自由。梦实际上是每个人每天的艺术创造，用来建构我们的内心生活。

解梦，初学的时候是一种技术，但学好了之后是一种艺术，一种人生艺术，一种感受和表达的艺术。

梦是心灵生活的真正入口。

《红楼梦》一开始，贾宝玉就梦游太虚幻境。从现实世界的角度看，太虚幻境只不过是一个梦，但是从心灵生活的角度看，其实太虚幻境比荣国府要真实多了。宁国府、荣国府的朱门红楼，其实才是"虚幻"。眼看他起高楼，眼看他宴宾客，眼看他楼塌了——在大观园看着这一切起起落落，看一切人的悲欢离合，这就是一个梦。梦中我们所做的事情其实就只有在"观看"，所以梦就是一个大"观"园。

这本小书，或对我们理解梦不无小补，但是真正学会解梦，以及真正懂梦，真正从梦开始，过一种人性的生活，做一个有性情的人，还是要各位读者自己下功夫。